逆着光,

NI ZHE GUANG

一个心理医生的随想录

YIGE XINLI YISHENG DE SUIXIANGLU

柯茂林 著

郑州大学出版社

郑州

图书在版编目(CIP)数据

逆,着光:一个心理医生的随想录/柯茂林著. —郑州:
郑州大学出版社,2020.6
ISBN 978-7-5645-7023-1

Ⅰ.①逆… Ⅱ.①柯… Ⅲ.①心理咨询-案例
Ⅳ.①B849.1

中国版本图书馆 CIP 数据核字(2020)第 091196 号

郑州大学出版社出版发行
郑州市大学路 40 号 邮政编码:450052
出版人:孙保营 发行部电话:0371-66966070
全国新华书店经销
河南龙华印务有限公司印制
开本:710 mm×1 010 mm 1/16
印张:14.25
字数:171 千字
版次:2020 年 6 月第 1 版 印次:2020 年 6 月第 1 次印刷

书号:ISBN 978-7-5645-7023-1 定价:49.00 元
本书如有印装质量问题,由本社负责调换

前言

想一想,离开大学校园已经很久了。

1992年秋天,扛着行李来到同济医科大学的时候,印象最深的就是学习并背诵《医学生誓言》。

2000年秋天,再次回到熟悉的校园时,学校已经更名为华中科技大学同济医学院。在学校的附属医院武汉协和医院读完硕博,已是2005年。

算来,离开大学校园已经整整十五年了。

十五年里,岁月荏苒,物是人非。也曾偶尔经过校园,经过熟悉的协和医院,也曾偶遇故人,把酒言欢,彻夜长谈,也曾在梦里重现熟知的一草一木、一物一人。

十五年里,岁月给容颜刻上了皱纹,同时也刻上了憔悴。我有幸成了一名心理医生。

就在母校的印迹在记忆里慢慢淡却的时候,似乎在一夜之间,武汉协和医院成了抗击新型冠状病毒肺炎(COVID-19)的主战场之一。

模糊的记忆瞬间清晰了起来,一股触电的感觉穿透全身。

我迅速拿起手机,联系武汉协和医院的师兄弟们。放下电话以后,心情久久不能平静,我觉得应该干点什么了。

安顿好手头的事情,我回到了湖北,回到了武汉,回到了出生地鄂州市梁子湖区。

我能干点什么呢?我一遍遍地问自己,又一遍遍地与师兄弟们联系。

处于一线的医护人员真是太苦了,心理承受的压力几乎到了极限。不幸被传染的,已经躺倒了;坚守岗位的,也是战战兢兢,身心俱疲。师兄弟们几乎在电话里哽咽。

我知道了,我可以当他们的"心灵口罩":倾听他们的心声,分担他们的痛苦,也可以分享一些自我心理调节的实用技巧。

手机微信成了我的主战场。从早到晚,手机不离身,一有信息就回复,一有留言就答复。

封城命令下达后,千家万户都很难出门了。如果不是急症重症,大家都不去医院了。然而一些常见病、多发病出现了,怎么办?

终于有一天,我接到了一个电话:"柯博士,我有点胃痛,去医院不方便,能否帮我看看啊?"

从医多年,也有幸由临床医学专业博士毕业。有赖乡人抬爱,平日里回家也常常有人上门求治一些常见病、多发病,这次也不例外。

我戴上口罩就出发了,去了不远处的一个乡人家里。一路畅行,一些路口设卡的管理人员也给我开绿灯。

我知道了,我可以干第二件事情了:像古代的郎中一样,走村窜户,为一些难以去医院就医的乡人诊治一些常见病、多发病。

日子非常忙碌,甚至比平日里更忙碌。这真是一个特别的春节。

很快,我知道我可以干第三件事情了:捐资捐物。

我在同济校友会的组织下尽绵薄之力参与捐资,并尽全力通过各种渠道个人购买了一批医用口罩捐给参与抗疫的一线医护人员。

赠人玫瑰,手有余香。

做了这三件事情,我觉得心情平静了许多。转而,我又觉得如鲠在喉。

一些见到的听到的民间的故事让我久久不能平静,有种不吐不快的感觉。特别是那些一线抗疫医护人员的点点滴滴,常常让我夜不能寐,几度落泪。

我终于掏出了笔与纸,在干活之余见缝插针地记录下这一个个让人落泪的故事,也记录下一首首引人深思的插曲。

我相信,这些故事和插曲,会让我们见识到一个个崇高的灵魂,也会启迪人们在以后的日子里更好地生活。

一笔一画,一字一句,一节一章。我仿佛听见了自己心碎的声音。夜深了,屋外寂静无声。一声野猫的尖叫仿佛在告诉我,活着,便是美好。

明天,依然春暖花开。

柯茂林

2020 年 2 月 8 日深夜 3 时

序

一次疫情，一首众志成城的壮歌。

2020 年的春节，注定是一个不寻常的春节。

中华文明上下五千年历史里，有过辉煌，有过磨难，更有过不屈不挠的奋斗与抗争！

有一条血脉叫龙之血脉，有一种精神叫长城精神。从来没有一场浩劫能够磨灭中华儿女的坚强意志，这次也不例外。

一场突如其来的新型冠状病毒肺炎疫情侵袭了武汉市，进而席卷湖北省乃至全国。

在党中央和国务院的英明领导下，全国人民迅速展开了一场以武汉为主战场，以湖北为扩大战场，以其他地方为分战场的轰轰烈烈的抗疫战争。

轻霜冻死单根草，狂风难毁万木林。

在这场伟大的抗疫战争中，全国人民万众一心，齐心协力，一方有难，八方支援。

一架架专机，一趟趟专列，源源不断地将全国各地的医疗精英送往战"疫"桥头堡——武汉。

一个个货箱，一辆辆专车，持续不断将全国乃至世界各地捐赠的物资送往抗疫主战场——武汉。

在英雄的城市武汉，涌现出无数舍己救人的抗疫英雄、时代楷模。各行各业都为夺取这场战"疫"的全面胜利付出了极大的努力。

国家兴亡，匹夫有责。

忽报人间曾伏虎，泪飞顿作倾盆雨。

作为社会大家庭中的一名成员，国祯集团将爱汇聚，显示出打赢疫情防控战的坚定决心。疫情爆发后，集团全体员工踊跃捐款，健康中心积极开展健康公益（包括心理援助）活动，慈善基金会为灾区人民捐赠大量抗疫物资……

国祯健康中心心理顾问柯茂林博士第一时间奔赴武汉抗疫一线，开展了大量心理危机援助和医疗救助工作。他深知，这场灾难最可怕的不是病毒本身，而是留在人们心里的"痛"：亲人的离世、病痛的折磨、生活的紊乱、工作的失序，以及人人自危的恐惧与不安，种种铭刻于心的"伤"，可能会在相当长的时间里给人们造成困扰。

抗击疫情，践行初心使命。柯茂林博士不仅以专业的学识和医者的仁心，疗愈了许许多多患者的心灵，带给他们生命的希望；而且不分昼夜，利用点点滴滴的空余时间，将看到和听到的一个个激动人心或催人泪下的真实故事记录下来，坚信微光燎原，遂成此书。

这本书的出版既是对这场战"疫"的特殊纪念，也是对社会人文的一次探究和思索。我们深信，有以习近平同志为核心的党中央英明领导，有国家和各级政府全心全意为人民服务的责任意识和担当精神，全国人民团结起来，一定能战胜疫情！

相信这本书会带给我们很多心灵的震撼，也会带给我们无限的人文启迪。

　　期盼柯茂林博士写出更多更好的作品。

安 徽 国 祯 集 团 创 始 人

安 徽 国 祯 慈 善 基 金 会 理 事 长

安徽国祯健康产业投资有限公司董事长

目录

第一章　白衣执甲　时代英雄

每一个立志献身医学的人,大学第一课就是背诵《医学生誓言》:

健康所系,性命相托。当我步入神圣医学学府的时刻,谨庄
严宣誓:我志愿献身医学,热爱祖国,忠于人民,恪守医德,尊师
守纪,刻苦钻研,孜孜不倦,精益求精,全面发展。

我决心竭尽全力除人类之病痛,助健康之完美,维护医术的
圣洁和荣誉,救死扶伤,不辞艰辛,执着追求,为祖国医药卫生事
业的发展和人类身心健康奋斗终生。

神圣的《医学生誓言》让每一个选择从医的人从一开始就肩负救死
扶伤的历史使命。除了《医学生誓言》,每一个从医的人都不会忘了现代
医学之父希波克拉底及经典的《希波克拉底誓言》:

医神阿波罗、埃斯克雷彼斯及天地诸神作证,我——希波克
拉底发誓:

我愿以自身判断力所及,遵守这一誓约。凡教给我医术的
人,我应像尊敬自己的父母一样,尊敬他。作为终身尊重的对象
及朋友,授给我医术的恩师一旦发生危急情况,我一定接济他。
把恩师的儿女当成我希波克拉底的兄弟姐妹;如果恩师的儿女
愿意从医,我一定无条件地传授,更不收取任何费用。对于我所

1

拥有的医术，无论是能以口头表达的还是可书写的，都要传授给我的儿女，传授给恩师的儿女和发誓遵守本誓言的学生；除此三种情况外，不再传给别人。

我愿在我的判断力所及的范围内，尽我的能力，遵守为病人谋利益的道德原则，并杜绝一切堕落及害人的行为。我不得将有害的药品给予他人，也不指导他人服用有害药品，更不答应他人使用有害药物的请求。尤其不施行给妇女堕胎的手术。我志愿以纯洁与神圣的精神终身行医。因我没有治疗结石病的专长，不宜承担此项手术，有需要治疗的，我就将他介绍给治疗结石的专家。

无论到了什么地方，也无论需诊治的病人是男是女、是自由民是奴婢，对他们我一视同仁，为他们谋幸福是我唯一的目的。我要检点自己的行为举止，不做各种害人的劣行，尤其不做诱奸女病人或病人眷属的缺德事。在治病过程中，凡我所见所闻，不论与行医业务有否直接关系，凡我认为要保密的事项坚决不予泄漏。

我遵守以上誓言，目的在于让医神阿波罗、埃斯克雷彼斯及天地诸神赐给我生命与医术上的无上光荣；一旦我违背了自己的誓言，请求天地诸神给我最严厉的惩罚！

不仅是医生，全世界的护士也为医学付出了巨大的贡献，始终恪守《南丁格尔宣言》：

余谨以至诚，于上帝及会众面前宣誓：终身纯洁，忠贞职守。勿为有损之事，勿取服或故用有害之药。尽力提高护理之标准，慎守病人家务及秘密。竭诚协助医生之诊治，务谋病者之福利。谨誓！

看得见的付出，看不见的牺牲

（一）

傍晚，急诊室里送来了几个重伤病人，都是十四五岁的孩子。

原来，这是一群中学生，学校的大巴在送他们回家的时候出了车祸，车子掉进了路边的水渠里。车里十几个小孩还有司机都或轻或重地受了伤。轻伤的就近送进了临近医院，重伤的就送到了这家医疗实力雄厚的三甲医院。

值班医生一边嘱咐护士给他们建立静脉通道，一边迅速地为他们做检查。一共五人，都处于休克状态。

当检查到最后一个小孩时，他愣住了，一丝极度痛苦的表情掠过他的面庞，但他很快恢复了平静，因为护士正在等待他下医嘱。

"马上抽血配型，准备输血。通知手术室，准备手术。"医生果断地下了命令。

护士很快地抽了血，派人送到血库化验取血，并通知了手术室。与护士一起，医生将五个重伤员送进手术室。

这时，取血的护士回来了。

"医生，有两个病人都是 O 型血，但是血库里只有一袋现存的 O 型血，他们已经派人到省中心血库去取了，只是现在这一袋血，输给哪个病人啊？"

"哪两个病人？"豆大的汗滴马上从医生的额头上滚落下来。

护士看了看化验单，指了指病人，其中一个就是医生最后检查的那个

3

小孩。

医生马上脸色苍白，脸上浮现出极度痛楚的表情。他抹一下头上的汗水，迟疑了一下，低沉的声音从医生口里传出来："给他输吧。"说完，医生抬起颤抖的手，指了指另外那个小孩。

输上血的小孩很快就维持住了生命体征，手术顺利地开始进行。而那个最后检查的小孩，因为没有及时输上血，生命体征不断恶化，手术还没开始，他就停止了心跳。这时候，出外取血的护士才将一袋 O 型血送进手术室。

其他几个小孩的手术正在顺利进行，医生一直陪护在没有输血的小孩身边，看着他的心跳逐渐减弱，采取了各种措施，也没能留住小孩的生命。

心电监测显示早就成了一条直线，医生还在不停地心外按摩，汗水浸透了他的衣服。

一个小时过去了，两个小时过去了，医生还在心外按摩。在场的人都诧异地看着医生。过了很久，护士走过去，轻轻地说："医生，病人已经死了，别按了。"

只到这个时候，医生才停止了按摩，茫然地抬起头来，转而眼中溢满泪水，扑在小孩的身上，号啕大哭："儿子，你不能死，你不能死啊。"

在场的人全部惊呆了，气氛如同死一样的沉寂。泪水，从每一个人的眼中无声地滑落下来。

（二）

汗水，常常可以肆意流淌；泪水，往往只能心底压抑。

对于医护人员来说,人们容易看见他们的付出,却很难看见他们的牺牲。

治病救人犹如战场冲锋,需要争分夺秒,需要心无旁骛,需要全力以赴。常见的情形是,一台手术正在进行时,医护人员往往感觉不到累,因为他们所有的注意力都在手术之中;一旦手术结束,病人安然无恙时,医护人员常常累瘫在地。

积劳成疾,英年早逝,这在医护群体中是常见的事情。一连多少天不能与家人见面,更是家常便饭。

特别是对家人那种难以尽孝或者难以尽到抚养责任的现状,让无数医护人员感到深深的愧疚。

⑤

一位外科主任的老父亲因为肾功能衰竭在楼下的重症监护病房抢救,随时有生命危险。这天中午,科室来了个重伤病人,需要急诊手术。主任迅速安排术前准备,准备手术。

当主任安排妥当,准备进手术室时,一名重症监护病房的医生匆匆跑上来,气喘吁吁地说:"主任,您赶紧去看一眼您父亲吧,应该顶不过去了,赶紧去做个临终告别吧,这台手术您赶紧安排其他人吧。"主任愣了愣:"这台手术交给其他人,我不放心啊,做完手术我再去吧。"

主任快速地进了手术室,投入手术之中,聚精会神地将重伤病人从死神手中夺了回来。

做完手术出来时,已经是傍晚了,老父亲早已停止了呼吸,并被送进了太平间。

在太平间里见到老父亲时,主任知道,没能见上父亲最后一面,这将是他一辈子的愧疚。

这样的故事，看来总是让人心情沉重。然而，这的确是医护人员的一种生活常态。无数医护人员擦擦眼中的泪水，再次投入治病救人的工作之中。

一场新冠肺炎疫情的到来，再次让人感受到医护人员的这种无私奉献的精神。

"一方有难，八方支援。"千百年来的中华传统，终于在新冠肺炎疫情面前大放光芒。

全国的医疗队伍源源不断地奔向荆楚大地。

（三）

6

一旦参与了一线抗疫诊疗工作，随之而来的便是另外一个问题：自己万一被传染了怎么办？自己个人得病是小事，万一回家了传染家里人和身边人怎么办？

这是一个不得不考虑的严肃而紧迫的问题！

根本不需要医疗行政部门出什么诊疗规范，每一个参与一线抗疫的医护人员都知道：一旦上了一线，与家人再见面团聚恐怕是遥遥无期了。

下了班，医护人员只能待在指定的地方：上班时诊治病人，下班后接受隔离观察。与家人的联系，自然只能限于手机或网络了。

成人之间十天半个月不见面，尚能扛住这份相思之苦。然而对于几乎每天依偎在父母身边的孩子们来说，这种只闻其声不见其人的联系方式实难接受，特别是一些年龄还小的幼儿。

于是，真实常见的情形是这样：下班后，一些医护人员特别是一些年轻的护士，拖着疲倦的身躯回到指定休息地点，匆匆拨通家里的电话。很

快,电话里传来孩子撕心裂肺的哭声:"妈妈,你怎么还不回来啊? 你到底去哪儿了啊?"那边的孩子一哭,这边的母亲也是泪流满面,因为她知道,她一旦实话实说在医院或在酒店,孩子一定会吵着闹着要过来找妈妈。

上班时因为忙碌而无暇顾及这些感受,一旦下班,千愁万绪自然会"才下眉头,却上心头"。

有的年轻母亲甚至终日以泪洗面,一觉醒来的时候眼角还挂着泪花。

当我们无数人闷在家里长吁短叹的时候,有没有考虑过这些参与一线抗疫的白衣天使们的感受呢?

平日里没有家人团聚的机会,一些人在网络上大肆慨叹念亲恩,把自己标榜得多孝顺多渴望与家人团聚,这到底是作秀还是掩饰自己浅薄的情感? 这次疫情的爆发,无疑给很多人好好补了这一课。

真正到一大家人能够心无旁骛地团聚在家时,一些人反倒"为赋新词强说愁",什么"宅家 13 天,体重异常,精神有点失常"的段子满天飞。

固然这种段子有调侃自嘲之意,然后这些段子对于身处抗疫一线战

场的众多医护人员来说，无异于黑色幽默！他们看到这种段子，怎么也笑不起来。

终于，一家抗疫医院的病房里来了个特殊病人——一个不满一周岁的婴儿不幸确诊。

婴儿太小，只能隔离在玻璃温箱里接受治疗。远远看上去，就像动物展览馆里的一只小猴子，孤孤单单，凄凄惨惨，让人不忍直视。

在病房护士长不经意间经过温箱往里瞥一眼时，这个婴儿竟然伸开了双手，一脸企盼地看着护士长。

护士长当场泪流痛哭。她知道，这个婴儿在渴盼她的拥抱。

就在护士长这痛哭声中，隐藏着多少心碎的声音！

求医须谨慎,谨防被忽悠

(一)

曾经有这样一个笑话:武汉一家著名的三甲医院有一位大夫,老家在湖北黄冈市的乡下农村。一天,他突然接到一个电话,是老家一位邻居打来的,语气急促。

邻居问:"听说你在武汉一家医院上班?"

大夫答:是。

邻居再问:"武汉有家×××医院,能否帮我去找找关系,我想去那儿看肝病。"

大夫顿时愣住,心想:这家×××医院是一个名不见经传的医院,几乎都没听说过,有次从门口经过才发现是家四楼高,建筑面积大概一千平方米的微型医院,还不及协和医院的一个科室规模。医疗能力能强到哪儿去? 莫非里面住着几位神仙? 协和医院好歹在武汉在湖北乃至全国也是响当当的医院。

于是大夫好心提醒:"你何不来我们医院看病呢? 为什么去那个医院?"

邻居的回答让大夫目瞪口呆:"你们医院不行,我查了,不如那家医院好!"

大夫彻底蒙了,一个很少出门的乡人,何以有此高论呢?

经过了解,大夫明白了,都是网络惹的祸。

原来,这位邻居在当地被诊断为肝炎,他寻思着武汉是大城市,医疗

水平一定高，能找一家实力雄厚的医院看病，岂不踏实！只是，哪家医院靠谱呢？邻居犯了愁。

这天，他打工的儿子回来了，听说此事后，呵呵一笑："这事简单，搜索一下就知道了。"

于是，儿子掏出手机，打开百度 APP，熟练地搜索起来。不一会儿，一家医院就映入眼帘，那上面的介绍真是天花乱坠，几有华佗再世的感觉。儿子一拍大腿："哪儿也别去了，就去这家医院吧。"

于是，就有了之后的故事。

大夫听说原委后，一声长叹："实干的不如忽悠的，看来，既要低头干活，也要抬头忽悠。"

这个故事让人啼笑皆非，然而它就是现实中的一种常见现象。

（二）

俗话说，酒香不怕巷子深。真正有实力的医院，根本不屑于在网络上粉饰自己，医生的心思都在救治病人上，每天累得连水都顾不上喝，哪有时间去网络上"王婆卖瓜，自卖自夸"呢？

就像全国人民熟知的袁隆平先生，成天忙着在田间地头研究稻谷，哪有时间一天到晚西装革履地亮相呢？

反倒是实力不行的人，就会想着靠精心打扮后的颜值吃饭！在网络上一通忽悠，真是姜太公钓鱼——愿者上钩。不得不说，这极其严重地混淆了民众的视听，甚至误导了很多急于求医的人。

想想吧，网上那么多光彩照人的"网红"，一旦铅华洗净，真实的面容只怕会吓得人睡不着觉！

医疗诊治是一件实打实的事情,真的来不得半点忽悠。然而,现实生活里各种医疗信息泛滥,倘若缺乏足够判断力,很多人都会感到一头雾水,无从入手。

多少委屈,只能心里留

(一)

"心里太多苦太多委屈,就痛快哭一场。"曾经的歌手张镐哲在歌中如此唱道。

这句歌词对于小王来说,却有着另一番风味。

作为一名护士,小王参加工作也有些年头了。这些年来,小王也在工作中受过不少委屈,但是都能很快自我调整出来。

比如说时不时会碰到一些血管"畸形"的病患,扎起针来就格外棘手,难免会多扎几次。这种时候,性格温和的病患倒也罢了,性格火暴的病患就不会善罢甘休,要么冷言讽刺,要么恶语相向,甚至有一次一个病患直接打了小王一巴掌。

工作中这种事情遇得多了,小王也学会了自嘲:常在河边走,哪有不湿鞋;常在江湖混,哪能不受气。

年轻的同事遇到这种委屈,小王就会把她们叫到一旁,轻声安慰她们。

说起来,小王也算是医疗护理行业一名久经沙场的"老将"了。然而这一次,小王怎么也不知道如何开导自己。

疫情暴发以来,病房里人手越来越紧张。

这天上班,小王一见病房里黑压压的一片人头,心里一阵发怵,史感觉硬着头皮也得上。输液、换药、拔针……小王就像一只蝴蝶,在病房里飞来飞去,一刻也不得停歇。

例行的护理工作已经让小王精疲力竭,然而,让人崩溃的不只于此。

就在小王忙前忙后的时候,一个病床上的老太太喊住了她:"姑娘啊,你陪我聊聊吧。"小王不由得停下了脚步。

老太太说:"这到底是什么病啊?姑娘啊,你跟我讲讲吧。"小王张大了嘴巴,仿佛是在接受科研论文考核,实在不知道从哪儿说起。

老太太接着说:"姑娘啊,这么多人躺在医院,什么时候是个头啊!"小王依然不知道如何作答,只能安慰老太太:"您老不用担心啊,很快就好了啊,很快就好了啊。"

说完这句话,小王赶紧跑开了,因为提醒换水的铃声早就响个不停了。

当小王再次回来时,老太太又拉住了她:"姑娘啊,你别走啊,我问的问题你还没回答呢,我和我们家老头子什么时候能出院啊?天天待在这里,什么时候是个头啊?我家孙子在家没人照顾啊,我儿子儿媳都去一线了。"

小王实在不知道如何回答,依然一个劲地安慰。没想到,老太太发火了:"你怎么一问三不知?你怎么一问三不知?你这是什么态度?把你们院长喊来,我要投诉你!"

老太太这么一闹,其他病人全都看了过来。眼中满是不明真相的愤怒。小王觉得自己是跳进黄河也说不清了,只能一个劲儿地说:"很快就好了啊,很快就好了啊。"

老太太真的投诉了小王，说她服务态度不好。

小王心里实在太委屈了，她知道，老太太是因为过于焦虑而将不良情绪转移给了她，说白了，她把小王当作情绪宣泄对象了。小王实在想不明白，自己的不良情绪又能转移给谁呢？

（二）

如果说小王的委屈只能往肚子里咽，那么，小关的委屈只能仰天长叹。

按照之前的计划，小关准备与女朋友在这个春节举办婚礼——结婚证领了六个多月了，再不举办婚礼，娃都要生出来了。

如今，小关成天泡在病房，别说举办婚礼，见面都不可能了。

然而，剧情本来是另外一个版本：春节前，小关已经请好了假，去了外地女朋友家筹办婚礼。请柬早已发给亲朋好友，酒店也已订好，司仪也准备好了，就等着大年初六的到来。大年初六是个吉祥的日子，大家都这么说。

就在小关与女朋友憧憬着美妙婚礼的时候，医院有人打来了电话：休假在外人员一律紧急回院，正常上班，参与抗疫。

挂了电话，小关整整蒙了五分钟，就像梦魇一样。大是大非，小关还是明白的。值此国难当前，岂能因为小家庭而忘了大义！更何况，自己也是背过《医学生誓言》的。

小关默默地收拾行李，只是如何跟女朋友解释呢？如何跟这么多已经发过请柬的亲朋好友解释呢？

反倒是女朋友知道这个事后过来安慰他：没事的，没事的，我一点都

不怪你,婚礼取消吧,这个事情你不用管,我来跟他们解释,你安心回去上班吧。

小关更知道,妻子已经怀孕三个月。错过这场婚礼,只怕以后再难有机会举办婚礼了!

小关甚至想到,如果自己不幸感染病毒而不治身亡,妻子肚子里的孩子生下来就是遗腹子,他该如何面对以后的人生呢?

…………

小关实在不愿想这些,但又不能不想。

举起手用劲拍了拍脑袋,用冷水冲了把脸,小关坚毅地走出宿舍,走向医院,走向病房,走向抗击病毒疫情的战场!

15

防护得了疾病，防护不了误解

（一）

网上有一个段子，说是春节期间有人从义乌火车站下车，出口处两排工作人员全副武装地例行检查。工作人员穿着白色的厚厚的防护服，脸上套着厚厚的口罩，有的人头上还戴着帽子，只露出一双眼睛。一眼看上去，让人心生恐惧。

普通民众对防护服的认识，多半源于一部名叫《生化危机》的电影。电影里，防护服被展现得淋漓尽致，但是一般民众在生活里啥时见过真实的装备呢？一旦防护服呈常态呈现在面前时，很多人难免会浮想联翩，乃至对医护人员进行言语攻击甚至人身攻击。

事实上，防护服穿在身上，医护人员苦不堪言，还无法向外人言道。

一套防护服穿上身，最少需要八道程序，每一步都非常细致非常严格。姑且不提穿戴困难，一旦穿上身，就得从早到晚，至少好几个小时。

笨重尚在其次，关键是防护服密不透风，就像是将一个人塞进一个密闭的空间，身在其中不无古埃及木乃伊的感觉。

穿着防护服干活，没几分钟就会汗流浃背，即使在寒冷的北方也是如此。

有一名护士，平日里体质本就瘦弱，穿着防护服上了五个小时的班，竟直接倒在地上。同事们七手八脚地把她抬到休息室，脱下防护服，大家才发现护士脸色苍白，全身湿透，已经虚脱得说不出一句话来。

（二）

17

即使没有虚脱倒地，每一个脱下防护服的医护人员也会感到闷热无比，有的直接躺在地上凉快，有的拿起矿泉水一口喝干，其"惨烈"程度一点都不亚于跑五公里越野或半程马拉松的运动员。

不得不说，防护服对于医护人员来说本身就是巨大的身体伤害。

然而，为了抗击疫情，他们上班时不能不穿！他们必须挡住可能的病毒，以免给病人带来交叉感染或波及正常人。如果不是为了抗击病毒，谁愿意受这么大的罪呢！

不是每一个人都能理解医护人员，事实上，有的人觉得防护服就是"救命风衣"，就像《生化危机》里显示的那样。

一间病房里，几个病人正在讨论："你看他们医生、护士穿得多严实，像宇宙战士似的，把自己保护得铁桶一样，还是怕死啊！为什么只让我们戴口罩而不给我们防护衣呢？"

一旦有人说出这句话，很多人就觉得这句话有道理，纷纷附和。

终于有人当面向医护人员提出了质疑，言辞激烈的程度让医护人员竟难有解释的机会。一名护士小声地说："你们穿着这衣服怎么输液呢?"有人大声回应："那是你们考虑的事情，我们又不是医生!"

退出病房，几名医护人员在休息室失声痛哭。这泪水中饱含着心酸和无奈。擦干眼泪，他们依然走出休息室，走向病房里的病人。

在武汉一家医院的就诊处，病人情绪失控，直接扯破接诊医生的防护服并抓破医生的面部和脖子。当观众愤然发声指责这名病人时，医生也只是淡淡地说了句："不要谈论此事了，还是回归正常医疗吧。"

我们应该为这名医生大大地点赞! 这是一种崇高而伟大的职业操守!

无数的医护人员从没想过什么叫伟大，他们只是在尽职尽责地干着自己分内的事情。

做好自己，比什么都重要!

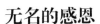

无名的感恩

记得 2008 年的汶川大地震:记者采访一位几天没合眼的救灾英雄——事迹报道后,无数人感动落泪。然而,救灾英雄面对镜头淡淡地说:"我不是什么英雄,我只是做了该做的事情,不要影响我干活,好吗?"说完,他转身继续救灾去了。落寞的背影,在镜头前显得格外高大。

这次抗疫战争中,有多少这种不愿面对镜头而在默默干活的英雄呢?让人感慨的是,一些无名的感恩给这场"寒潮"带来丝丝温暖。

一间病房里,几名护士正在收拾整理。一个病人出院了,她们得赶紧把病床收拾好,难得出现了一个空床位,早有病人在等着收治了。

就在几名护士收拾整理的时候,床头柜的一个空药盒引起了她们的关注。药盒被撕开,上面有几行字:

临危受命,经纬济世,保国安民,当世为尊。

救命之恩,无以尽报,仅以拙笔,愿君安好!

短短一首诗,让医护人员们百感交集,春风拂面的感觉传遍整个病房。

生活就是这样,不需要歌功颂德,不需要锣鼓喧天,也许就是一句"您辛苦了",就能让人泪流满面。

相互理解,相互感恩,在这场抗疫战争中弥足珍贵。

另一间病房里,几名医护人员也在和一名即将痊愈出院的病人告别。每个人都戴着大口罩,大家都只能看到对方的眼睛。出门的时候,病人回过头来深鞠一躬,眼角泛着泪水说:"我不知道怎样感谢你们,我会送花给

19

你们的。"

病人走了，医护人员很快重新忙碌起来。

情人节到了。几名医护人员在病房里忙前忙后。突然，门卫室说有人送了一大束鲜花过来，来人转身就走了。

封城了，店铺都关门了，这是从哪里弄到的鲜花呢？大家都很疑惑。

医护人员们打开附在花束上面的纸条，上面只有一句话："没有情人的情人节，你们就是我最爱的情人！"

泪水从每个人的脸上滑落下来。放好鲜花，医护人员们转身就去了各个病房。

无名的感恩，无声的感动。

心连心，比手牵手更重要；心心相印，比执手天涯更重要。

水问："鱼啊，为什么我感觉不到你的眼泪？"鱼答："因为我在你的心里啊！"

疫情无情人有情，人间处处是真爱。疫情再凶险，在这份爱的世界里，它还能持久吗？

冬天快过去了，春天也不远了！

第二章 心理援助 任重道远

"受煎熬"是必然，认识上不能出现命题错误。

相传，上帝造人的时候，最开始把牛造出来了。上帝对牛讲：牛啊，给你六十年寿命。牛问：给我六十年，让我干什么？上帝回答：给你六十年，你的历史使命只是一句话——埋头苦干，难得歇息。牛一听就火了：埋头苦干，还让我干六十年？你当我傻啊，收一半回去，我只要三十年的寿命。

接着，上帝造出了猴子，说：猴子，给你二十年寿命。猴子也问：给我二十年，让我干什么？上帝回答：你的历史使命就是成天耍猴把戏，逗人开心。猴子也不乐意：成天耍猴把戏？拉倒吧，收一半回去，我只要十年。

随后，上帝造出了狗：狗啊，给你二十年寿命。狗也询问自己的历史使命。上帝说：你的历史使命就是成天守在家门口帮人看门。看门狗马上生气了：看门还要看二十年？我才不干呢，收一半回去，我只要十年。

最后，上帝把人造出来了，对人说：人啊，给你二十年寿命。人一见之前的动物都这么苦命，哭丧着脸问：给我二十年，我能干什么？上帝笑了笑：你的历史使命也是一句话——吃喝玩乐，尽情享受。闻听此言，人不由得两眼放光：这么爽啊！这么快活的日子，你怎么只给我二十年呢？不能多给点时间吗？上帝说：只有二十年。没想到人太聪明了：他们不是都还给你一半的寿命吗？送给我啊！上帝苦笑一声：这是你自找的，那我就

送给你吧。

仔细想想,这个故事在告诉我们什么道理?

原来,人的一辈子是这样过的:前二十年,可以像人一样吃喝玩乐尽情享受,接下来的三十年就得像牛一样埋头苦干难得歇息,随后十年得像猴子一样成天耍猴把戏逗子孙开心,最后十年老得不能动了,就得像狗一样给子孙看门。

多么有哲理的一个故事! 生活里,无数成年人在慨叹:我感觉我活得不像人! 揣摩之下,这声慨叹的确有问题:成年之后,不是不像人,而是早就不是人了!

不是人的时候,不要太把自己当人看:自己越把自己当人看,外人越不把你当人看;自己越不把自己当人看,外人越把你当人看。

生活就是这么回事。乐意的事情得干,不乐意的事情也得干;喜欢的人要交往,不喜欢的人也要交往;开心的情绪要接受,不开心的情绪也要接受。生活不可能四季如春,事实上,现在是春如四季,春花秋月多半是文人的梦想了。

台湾作家李敖说得更干脆:你不能等有了热情才去救人,你不能等有了灵感才去作文,逃避解决不了任何问题。不要逃避,不要抱怨,该干啥干啥,学会快乐地"受煎熬"。

一场特殊的心理督导

（一）

传说，张飞是书法家，可以用丈八蛇矛在沙地上写出漂亮的书法，郭沫若先生还为此专门考证过。

也有人说，孙中山先生是武术高手，民国时的传武大师孙禄堂心甘情愿给他当保镖。孙禄堂是何许人？曾经是慈禧老佛爷驾下的堂堂第一带刀侍卫。有这样的人当保镖，可见主子该有多彪悍！

当然，传说归传说，演义归演义。但是，生活有一条亘古不变的定律，那就是高手在民间。

有的人看起来五大三粗，几乎一滴墨水都没喝过，说不定早已得道，就像禅宗六祖慧能；有的人看起来玉树临风，仙风道骨，可能一肚子都是男盗女娼，比如《射雕英雄传》里的欧阳克。

心理学有时候就是这么尴尬，有的人书本上的心理学一天都没学过，说不定就是真正的高人。

想一想，这也不足为奇。

现代心理学的发端，最开始是来自对一群动物如老鼠的研究。老鼠折腾得多了，人就非常有心得，觉得万法自然，很多适用于动物的道理，人也差不多。

但是，老鼠毕竟是老鼠，人毕竟是人。老鼠的儿子生来就会打洞，人生来就只能哇哇地叫。

终于出现了一个另类心理学家，不太相信动物这一套，非要拿人做实

验,甚至躬身亲为,拿自己当实验对象。

这个人开创了心理学探索的一种新局面,终于让我们觉得人是一种最看不懂的动物,虽然美其名曰"高等动物"。

这个人的名字叫华生,美国近代心理学家,他开创的学派叫行为心理学。只可惜,他拿人做实验,反倒容易得罪人,干不多久就被心理学"驱逐出境",后半辈子都在做广告谋生。

事实上,心理学发展到今天,也还是摸着石头过河。心理学理论遇上生活实践,常常就像传统武术套路碰上现代搏击技巧,有种假李鬼遇上真李逵的感觉。

(二)

当我碰到老白的时候,我就深深地有这种感觉。

老白其实不姓白,因为他常常一嘴酒气,冷不丁冒出一句"人生得意须尽欢",大家都觉得有点诗仙李白的味道,喊老李太俗气,干脆就喊老白。

老白也不恼,每天乐呵呵地在病房干着护工的工作。

说起来,老白的工作真没什么技术含量,一会儿帮病人送屎送尿去化验,一会儿拎着饭盒帮起不来的病人去打饭。

大家都说,老白是上下一把抓,既要管"进口",也要管"出口"。病房里的人经常喊:"老白啊,手可要洗干净啊,不能放下屎盆就端饭啊。"说完,大家哈哈地笑,老白也哈哈地笑,边笑边用最标准的姿势洗手,边洗边说:"看见没有,看见没有,见过这么规范的洗手吗?"

老白干得非常惬意,活得也非常滋润,哼着小曲,成天在病房里进进

出出。

老白黑了脸去找科室主任："为什么不让我干护工了?"

主任赔着笑脸说："不是不让干,而是等疫情结束了,你再回来干。"

老白的脸更黑了："我不怕感染,你还怕我传染你?"

主任笑了笑："你想感染也不可能啊,你这每天一身酒气,哪个病毒也架不住熏啊。"

老白听了,脸上马上阴转晴,也不黑脸了："好,那我继续干了。"

老白套上防护服,戴上大口罩,重新上岗。

只是老白自己都没想到,这场疫情搞得这么可怕,病房里明显没有吵吵闹闹的声音了。每个人都戴着口罩或者穿着防护服,想嘻哈一把也缺乏气氛。

更关键的是,老白的装扮和医生差不多,也在病房里晃动身影,经常有病人误以为他是医生："白医生啊,您看我几时能出院啊?"

每到这个时候,老白就不调侃了,语调也严肃起来："我看啊,你这个没什么大不了,很快能好。"

病人听了眼睛眯成一条缝,戴着口罩也能看出来在开心地笑。

病房里的医生都在私底下说："老白这个心理医生好,什么病在他眼里都没啥事。"

但是,真正碰上有心理障碍的病人,大家就又忘了老白。

(三)

一天,病房里一个中年病人情绪低落,萎靡不振,隔一会儿就嘟囔几句不想活了。大伙一了解,原来他之前就有抑郁等心理障碍,这次感染上

25

病毒,在病房闷了几天,抑郁情绪复发了。

在病房里见到这个病人的时候,我真觉得有些棘手。一般来说,宽慰对这类病人不太起作用,有点隔靴搔痒的味道;启用抗抑郁药,又有点小题大做,心理评估似乎没到那地步。但是,总得与病人聊几句吧。

伴随着脑海里一再闪现的那些教科书式的心理咨询技巧,我与病人聊了半个多小时。诚然,他的情绪放松了一些,但是这种好情绪能保持多长时间呢?

第二天,病房回报:抑郁情绪还在继续。

继续咨询,前后三次。病房依然回报:咨询了就好,隔一天又不行了。

再来到病房的时候,老白正好也在。老白见到我来了,把我拉到一边,呵呵地笑:"甭担心了,他没问题了。"

没问题了? 我大为诧异:突然就好了? 这怎么可能呢?

然而这个病人真的好了,再也不愁眉苦脸了。

这到底是怎么回事呢? 我真是纳闷:老白到底用了什么招? 一个成天嘟囔着不想活的人,怎么说好就好了?

疑惑着再来到病房的时候,我见到老白正在冲那个病人吆三喝四,一会儿让他帮忙扫地,一会儿喊他搬运东西。干得不利索,老白还要"批评"几句。

说来也怪,这个之前"不想活"的病人竟然一点不恼,干得浑身有劲,老白"批评"的时候,他还傻傻地笑。

干完了,老白把病人拉到一边:"老弟,今天累了,休息吧,明天再安排任务啊。"病人频频点头:"谢谢医生,谢谢医生。"

刚开始,我看得一头雾水,但是,很快我就明白过来。原来,老白在使用一种无招胜有招的心理治疗方法。

在病房门口,老白对我说:"我不懂心理学,但是我知道,让他忙得晕头转向,就没时间胡思乱想了。"

(四)

不得不说,老白真是高人。

病房去得多了,我发现老白的"心理治疗"招数真是层出不穷,什么样的人用什么样的"招"。

有时,他会愁眉苦脸地"装病",掏出一把瓶瓶罐罐没名字的"药":"你看我,都吃药几十年了,有啥呢,不也活得好好的。"病人听了,深表同情,只觉得自己太娇气了。

有时,他会像单口相声演员一样东一句西一句,说到最后,他咕噜一句:"我说到哪儿了?"病人就都起哄:"你说到寡妇门前了。"老白哈哈地笑:"跑题了啊,跑题了啊,嘿,那个谁,给点笑容行不行?"那个哭丧着脸的病人被他这么一弄,不好意思地笑笑。老白趁热打铁:"看看,看看,这一笑多漂亮。"病人被逗得笑得更欢了。

老白的招法常常出其不意,让人捉摸不定,颇有太极拳中四两拨千斤的感觉,总能让病人喜笑颜开。

这真是心理学的绝顶高手,我深深地慨叹,也由衷地向老白表达自己的敬意。

老白依然是习惯的笑容:"我一个护工,哪里懂心理学?见的分离死别多了罢了,看开了啊,其实病毒有啥啊,不就跟生活一样吗,你怕它,它就来劲,你不怕它,它反倒没脾气。"

是啊,生活不就是这么回事吗? 这句话从老白一个社会"最底层"的人的口中说出来,却是生活的最高真理。

其实,哪有什么狭义的心理学呢? 真正的心理学不就来源于生活又回归生活吗?

一场病毒疫情的侵袭,不是更好地让我们看到生活的真相吗?

心理强大的人,更容易在病毒疫情面前乘风破浪;因为病毒疫情而缩手缩脚、患得患失的人,就会频频出现这样那样的心理困扰。

老白,身材虽矮小,却为我们树立了一个崇高的心理形象。

别把生活太当回事,别拿病痛太当回事,倘能如此,生活反倒不闹腾,心理反倒踏实下来。

病毒带来的"潘多拉"

（一）

如果不是那个 24 岁的女孩主动要求，我没想过给她催眠。

这个女孩躺在病房的时候，也没想过催眠，甚至都没想过寻求心理医生的帮助。

新冠肺炎疫情暴发后，她不幸地住进了感染病房，和几位确诊的病友住在一起。

病房的生活是单调的。口罩之下，或平静或焦虑，或冷寂或幽怨，不一样的人有不一样的眼神。

时不时地有人被转走，说是病症严重去了重症病房；时不时地又有人送进来，说是新确诊的不太严重的病人。

人来人往，病房里倒是多了一点生机。但是，很少有人相互攀谈，除了医护人员的声音和巡诊时的应答声。

一天，病房里同时来了两个人，进来就聊天，一看就是朋友。

两个人虽然戴着口罩，却堵不住嘴，聊得很开心，似乎疫情与他们无关。事实上，他们的症状的确轻微，说起话来都是"中气十足"。

两个人经常在病房散布一些八卦新闻，什么哪里有人又感染了，哪里有人没扛过去病死了。谈到郁闷的时候，两人唉声叹气；谈到开心的时候，两人哈哈大笑。

病房里多了一点"生机"。其他人也不多说话，静静地听他俩天南地北地神聊。女孩也不例外，经常瞅瞅两人，翻过身继续拨弄手机。

突然一天早上，病房里安静了许多。女孩很诧异：今天的"广播"怎么没有按时开播呢？

就在大家诧异的时候，医生推着推床来了，将其中一名"播音员"搬到床上，推走了。

这时，大家明白了，这位仁兄病情恶化了。昨天还好好的，一夜之间就恶化了，这个病毒真有点可怕！

缺少了搭档，留下来的仁兄成天靠在病床上发呆，大家都知道，他在担忧搭档的安危。

之后，每天查房的时候，他都会找医生打听搭档的消息。每次打听完，他就更沉默了。

终于有一天，他不再打听搭档的消息。大家心里明镜似的，他的搭档没熬过这一关，去了另一个世界。

医生安慰他：你跟他不一样，你的检查结果还好，过段时间就能出院。

他就像没听到医生的话，空洞的眼神看着搭档曾经睡过的床位。

他开始躺在床上很少动弹。一天晚上，医生又推着推床来了，把他抬上去，推走了。

病房里的人都流泪了，包括女孩。再有医生来的时候，有人小声问："他不是还好吗？怎么也转走了？"

医生言简意赅地回答："精神垮了。"

大伙儿没再言语，相互瞅了瞅，眼神里都是悲哀。其实，大家都想问一句：他能挺过来吗？但是，没人敢问。

（二）

病房里依旧人来人往，女孩经常瞪着他俩睡过的病床发呆，直到医生

通知她出院。

一直到回到家里继续隔离，女孩都不知道那位伤心过度的仁兄是否还活着。

他应该死了，女孩淡淡地对我说："病房里有人问过医生，医生没有正面回答。"

空气凝固了。她静静地看着我，我静静地看着她。戴着口罩，我看到一滴泪水从她眼角渗了出来。

"为什么想做催眠呢？"我小心地问。

她抬起头来看了看窗外的阳光："我不能闭眼，也不想吃安眠药，只要一闭眼就能看到那两个人的眼神，我已经三天三夜没合眼了。"

停顿了一会，她继续说："昨天有那么一刻，我特别特别想自杀。"

"但是，这是病毒，这是疾病，与你无关啊……"我感觉自己的声音有点颤抖。

"医生，你就当作让我休息一会儿吧。"她叹口气，"我真的累了。"

我只得点点头。

她斜躺在沙发上，静静地闭上了眼睛。我开始了催眠导语。

她的呼吸一阵急促一阵平静，眼角始终挂着一滴泪水。有那么一刻，她似乎想挣扎着坐起来，很快又停止了动弹。终于，传来了轻微的鼾声。

不知过了多长时间，她睁开了眼睛，失神地看着我："医生，我饿了。"

拿了一块面包，她边吃边聊："我好像做了一场噩梦。"

她继续说："我看到了好多好多的眼睛，就是看不清是谁。有的眼神似乎熟悉，一转眼就认不清了。有的眼睛在流泪，好像有人在吵闹。突然，我像是来到了大草原，身边一个人也没有……"

31

她说得零零碎碎，越说越快："医生，我好像也看到了你的眼睛，哦，不是的，好像是病房里给我治疗的医生的眼睛，也不是的……想起来了，是我妈的眼睛。对对对，就是我妈的眼睛。"

一颗一颗的泪珠，从女孩的眼眶里滑落下来。

为什么会在催眠之下，独独看清母亲的眼睛呢？我心里一片困惑。

（三）

擦了擦眼泪，她在继续呢喃。

那年的春天，母亲因为病毒性心肌炎而突然离开了她。

她清晰地记得，晚上临睡的时候，母亲还在调侃："感冒一把，强身健体。"

没想到后半夜，母亲突然从床上坐起来，说胸口堵得厉害。匆忙送到医院，医生检查后直接将母亲送进了急救室。

母亲没再醒来。医生说："病毒性心肌炎突然发作，心肌突然坏死了，来得太突然，来不及了。"

一直到今天，女孩都不知道到底是什么病毒夺去了母亲的生命。医生幽怨地说："人都没了，追究到底是啥病毒，也没意义了。"

听了她的描述，我陷入了深深的沉思：精神分析大师弗洛伊德的一个伟大贡献在于提出潜意识理论。就像南极的一座冰山，自己能意识到的思维往往只是露出水面的那一小部分，更多的压抑在心底不容易被察觉的思维叫潜意识。潜意识的力量，远远胜过意识。就像人的潜能，永远不是看得见的能力可比。

只是，潜意识能带来多少压抑的苦痛呢？

俗话说,一叶落而知秋。潜意识压抑的苦痛,常常会因为生活的一个小插曲而激起"巨大的浪花",给人带来无可名状的巨大苦楚而不自知。

想想那位精神崩溃的"广播男",不就是因为朋友的病逝而让他内心崩盘的吗?他不是倒于新冠病毒的侵犯,而是倒在对朋友的无限追忆之中。

再如这个女孩,迟迟无法自拔,更不是因为病毒感染带来的伤害,而是对母亲深深的思念让她在潜意识里久久徘徊,终致沉沦。

病毒带来的潜意识痛苦远远不止这些。随意追问一些新冠病毒感染的病人,几乎都能激起一片伤心的涟漪,或想起既往的病毒疫情,或想起与病毒相关的伤心往事,或想起病毒之下的悲欢离合……

那么多因病毒感染而崩溃的病人,一方面因为病症伤害,另一方面来自病毒激起的难以承受的负面情绪。很多人不是因为病毒而苦楚,而是因为病毒激起的层层涟漪而不能自制。

病毒难以击溃我们,击溃我们的常常是潜意识里的悲伤。

病毒实在离我们太近,渗透到了生活的方方面面;病毒又离我们太远,它能让我们想起尘封的痛苦回忆。

病毒就像一个看不见的影子,在无意间揭开了一个独特的"潘多拉的魔盒"。

从女孩家里出来的时候,我感觉心里堵得慌。冬天终究要过去,春天真的不远了吗?

33

不怕死，怕"苟且"活着

（一）

从心理学角度讲，有这么一个实验：马戏团训练猴子骑自行车。显然，猴子不可能太配合人类。驯兽师很快就想起了一个简单的办法：利用桃子来引诱猴子。

新鲜的桃子对于猴子来说那可真是具有极大的诱惑力！一旦猴子配合驯兽师完成一个规定动作，驯兽师就会扔给猴子一只桃子；一旦不配合，驯兽师就把桃子攥在手里让猴子干瞪眼。久而久之，猴子就知道了，跟着驯兽师的"步伐"走，就有桃子吃，何乐而不为呢？就这样，猴子慢慢学会了骑自行车。

这种技巧属于行为心理学的范畴，也叫阳性强化法。意思就是利用一种正面奖励来强化某种行为，就像一些孩子，越表扬干得越欢，没人表扬了就懒得"出风头"。

其实，成人也有这种索取肯定的心理，只不过比孩子和动物含蓄得多。

但是，我们一定不能忘了，干一项工作或干一件事，有人给出肯定的评价，这固然可喜；被人淡忘或误会，也没必要愤懑。

成人的社会，很难像小孩一样随时获得肯定。俗语云，路遥知马力，日久见人心。对一个人的真实评价常常需要观察很长一段时间。

生活里，常常有人感叹，看懂一个人常常需要一辈子！就像电视剧《雪山飞狐》里的田归农，到死才知道相伴了一辈子的女人并不爱他——

南兰真正爱了一辈子的男人是苗人凤。

懂得了这个道理,我们也就不难明白,脱口而出的赞赏和肯定,常常是一种礼节上的敷衍,并不见得就是真正的掏心掏肺,有时候真不能太当回事。或者说,随随便便给出的非议,常常是一种无聊的八卦,也没必要太当回事。

(二)

对于这种社会心理现象,心理学倒是没少研究。继阳性强化实验后,心理学又做了另外一个实验,即著名的德西效应。

美国斯坦福大学的一群心理工作者利用大学幼儿园的孩子做了一个实验:将一个班的孩子分成两组,每个孩子都给了同样的十五道智力游戏题,差别在于,一组孩子被告知,做对一道就可以得到一颗糖的奖励。另一组孩子则没有糖果奖励,只是默默作答。

按照之前的心理学认知,有糖果奖励的孩子应该答题效果更好。结果却大跌眼镜:有糖果奖励的孩子平均答对了 4～5 道,没有糖果奖励的反倒平均答对了 7～8 道。

这群心理工作者犯了愁:这是怎么回事呢?

经过细致的论证和严格的心理测试,心理学家终于发现了德西效应的奥秘所在。

原来,人都有外在奖励机制和内在激励机制。糖果这种外在奖励固然能让人愉悦,但难以持久;解题成功带来的自我愉悦式内在激励却能激发人更多的潜能。

说白了,为了几颗糖来解题,孩子们做着做着就厌倦了——有三四颗

35

糖塞进嘴里,口欲就满足了,剩下的糖吃不吃就无所谓了。

倒是那些没糖吃的孩子,反正没有糖果的"干扰",做题纯属"自娱自乐"——做对一道题,觉得自己能力还不错;再做对一道,觉得自己能力非凡;继续做对一道,觉得自己成了"天才"……越做越来劲,越做越有成就感!

两相对比,我们不难看出,外在奖励比如糖果一旦超量,常常会压制人的内动力。一件事情能否长期做好,绝对不能依赖外在奖励,追求自我实现是激励一个人持之以恒任劳任怨的关键!

人本心理学强调:自尊、自信与自我实现,是激励一个人走向成功的三大关键词。

明白了这个道理,生活里的很多现象就会豁然开朗:一些人斤斤计较着名誉和利益,机关算尽,也难以取得让人信服的成绩;另一些人默默无闻,不断寻求自我实现,常常在不经意间创造了让人不可想象的奇迹!

所以,人干什么事情,不要太在乎外人怎么看待,关键在于自己怎么看待。说白了,人在做,天在看。

抗疫的过程让很多医护人员体会到,能踏踏实实救治一个个的病人,比获得怎样的评价都重要。

不怕分离,怕再次团聚

(一)

在人们的印象中,疫情中顺利痊愈出院的人应该会高呼万岁,感谢幸运之神的眷顾,迫不及待地回家与亲人团聚。

然而,真相常常让我们始料不及。

一天,我接到了一个电话:"柯博士,您能帮我个忙吗?我丈夫前段时间病毒感染住院了,真是谢天谢地,他前天出院了。出院的时候,我说去接他,他坚决不让,说出门危险,特别是去医院更危险。我就在家里等他回来。结果一等就是两天,他不知道去哪儿了?我真是急死了。"

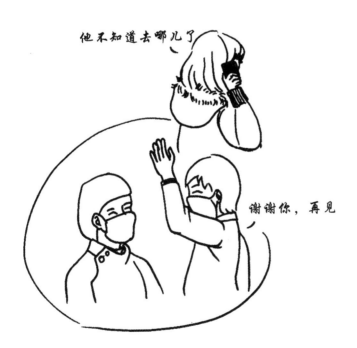

他不知道去哪儿了

谢谢你,再见

听到这里，我当即感觉在冒冷汗，种种不祥的画面在脑海里快速闪过。

我问她："你打电话去医院问了吗？是不是确定出院了？"

她回答："问过了，护士说确定出院了，前天中午他高高兴兴地跟护士道谢后才走的。护士一听他没回家也急了，让我联系您。"

我再问："那你打丈夫电话啊，没人接吗？"

她回答："要么没人接听，要么关机！"

我心里踏实了一些：手机还在开，说明人还活着。

我很快就想到了一个办法。我把他的手机号码要了过来，决定玩一回引蛇出洞的游戏。

我给这位先生发了一个短信，说自己是医院负责回访的医生，让他见信回复。我知道，之前积累的临床医学功底派上用场了。

果然，一个小时后，他回了信息，逐个回答了我的回访问题。

我干脆拨通了电话，他也很快接了电话。

我先做一个铺垫："李先生啊，出院这两天感觉还好吧？"

他开心地回答："非常好，非常好，真是谢谢医生你们啊！"

我又问："家里人都还好吧？"

他迟疑了一下，很快笑着说："家里人都好，家里人都好。"

我心里暗笑：他明明在撒谎。

我干脆直捣黄龙："李先生啊，我听我们护士说，你爱人打电话到病房了，说你没回家啊，怎么回事啊？"

明显停顿了片刻，他在电话里叹了口气："是的，医生，我没回家。"

（二）

这到底怎么回事呢？我很纳闷。听了他的描述，我终于明白了。原来，他的内心有一种难以言道的深深的忧伤。

他娓娓道来：

这次病毒感染入院，对我真是一次人生洗礼。以前每天忙碌，从来没有这样的时间来回顾前半生。都说中年人连流泪的时间都没有，真是一点不假啊！

当我躺在病床的时候，我想起了很多以前的事情。

那年父亲病重，我在外地都没时间回来伺候他老人家，当我匆匆赶到医院时，他老人家已经不能说话了，我眼睁睁地看着他老人家咽气，临死前一句话也没说。

电话那头突然没有了声音，传来一阵压抑的哭泣声。良久，声音重新响起："我真的不是一个好儿子，我对不起老头老娘。对于儿子，我也不是一个合格的父亲，我几乎就没有好好陪过儿子。"

记得几年前，老师布置作文《我的爸爸》。儿子在作文里写，我爸爸太辛苦了，我已经一个月没见到他了。老师打电话提醒我要多陪孩子，我当时还不在意，现在想来真是说不出来的难受。

这次住院，儿子经常打电话安慰我："爸爸，你不会有事的，我们等你回来。"

每次接到儿子的电话，我的心就痛，总觉得亏欠儿子太多。

至于老婆吧,每次回家对她都没有好脸色。总觉得在外打拼不容易,人前看脸色,人后抹眼泪,回到家后难免情绪不高,动不动就冲老婆发火。现在想来真是不应该。老婆在家也不容易啊,上有老下有小,都是一个人扛着,实在不容易啊。

有天半夜,老婆突然肚子疼得受不了,我又不在身边,孩子还小,老婆想去医院看病又放心不下孩子。忍了一晚上,第二天把孩子托付给大舅哥,老婆才一个人打的去的医院。结果医生一查:阑尾炎穿孔。医生还在发火:不要命了啊,这个时候才来,赶紧手术吧。我不在身边,还是我丈母娘赶过去签的手术同意书。

这样的事情还有很多,我亏欠老婆的也太多太多了。

现在我觉得我就是个十足的混蛋,对不起家里的每一个人,我哪还有脸见他们呢?

电话里又没有了声音,依然是低低的哭泣声。

我觉得心里特别难受。细细想来,生活中的我们何尝不也是如此呢?

(三)

徐志摩写过一首诗,名叫《生活》,大概能代表很多人的心情:

阴沉,黑暗,毒蛇似的蜿蜒,

生活逼成了一条甬道:

一度陷入,你只可向前,

手扪索着冷壁的粘潮,

在妖魔的脏腑内挣扎,

头顶不见一线的天光，

这魂魄，在恐怖的压迫下，

除了消灭更有什么愿望？

我实在想不出来安慰的字眼，怯怯地问："那您现在在哪儿？这两天您去哪儿了？"

电话里终于又传来了声音："我这两天躲在公司的一个宿舍里，公司里一个人都没有，我静静地在这儿躺了两天。"

我又怯怯地问："那您这两天吃什么呢？"

停顿了一会儿，我听到电话里一声叹息："喝了点水，没吃东西。"

那一瞬间，我的眼泪唰地就出来了。我竟然有种"同是天涯沦落人，相逢何必曾相识"的莫名忧伤。

擦了擦眼泪，我尽力让自己平静下来。

是啊，我们都是生活的匆匆过客，半生浮云半生梦。

当我们一路向前狂奔的时候，遗失了多少珍贵的情感呢？不经意的一次驻足，千愁万绪像一场头脑风暴，重重地击碎了我们其实并不坚强的内心！

"把情感收藏起来，让生命走向空白。"曾经的歌手郑智化在舞台上沙哑地唱，台下多少人的眼泪在迎风飞舞。

然而生活还得继续，不是吗？

我觉得自己的安慰苍白无力："兄弟，我非常理解你的心情，非常理解你的痛苦。但是，如果你不回家，岂不是给家里人带来更大的伤害！这两天，老婆和儿子有多担心呢。你是家里的顶梁柱啊！"

伴随着一声重重的叹息，他在电话里说："说出来这些，我心里舒服多

41

了，谢谢你，医生，真的谢谢你，我现在就回家。"

我想了想，提了个建议："回家的时候撒个谎吧，就说公司有点急事处理了两天。"

电话里的语气明显放松了很多："明白明白，非常感谢，我知道怎样做了。"

放下电话的时候，我的心情久久不能平静。生活里，我们是不是走得太快太快了，快得几乎迷失了自己。我们是不是应该稍微放慢步伐，偶尔回过头来看看走过的路呢？

> 我不知道风
>
> 是在哪一个方向吹——
>
> 我是在梦中
>
> 在梦的轻波里依洄
>
> …………
>
> 我不知道风
>
> 是在哪一个方向吹——
>
> 我是在梦中
>
> 在梦的悲哀里心碎！

徐志摩的诗句一再在脑海里萦绕。我点燃了一根烟。烟雾缭绕中，我仿佛看见了自己半生浮云的背影。

救援者，也应该被救援

（一）

很多人都听过这个故事：

话说一天，一位信徒去观音庙烧香。

进门后，他惊奇地发现观音本人正伏在地上，自己拜自己的菩萨像。

这人大惑不解，您怎么自己拜自己呢？

观音叹口气说：不拜自己拜谁？ 求人不如求己啊！

本是一个令人忍俊不禁的段子，却道出了生活里的种种无奈！ 对于参与新冠肺炎疫情救援的很多人特别是心理援助者来说，他们更是对这个段子有着深刻的体会。

一天中午，我在微信里与一个接听心理援助热线的同行交流。

她在微信里不停地发着这样或那样的悲伤表情，透过手机屏幕都能感觉到她一副愁眉苦脸的样子。

第一句话，她就在叹息："谁来救救我啊？ 谁来救救我啊？"

我差点误会了："你不会感染上了吧？ 你接听热线电话，不是面对面看病人，应该相对安全啊。"

她还在发牢骚："我现在都有种感觉，真刀真枪地像医生一样在病房对抗病毒还痛快些，即使感染上了，死也死得痛快！"

我慌忙制止她："不要乱说啊，不要乱说啊。"

她平静了一点："好吧好吧，不乱说了，有时候急起来真是这感

43

觉啊。”

其实，作为一名心理医生，我何尝不理解她这种感受呢。

通过微信，她给我描述了一些真实而苦楚的感受。

一天深夜，热线电话响了。刚一接起，她就听到电话里传来急促的声音：“我家老头病了，快想办法帮我把他送到医院吧。”

她当时还以为听错了：这是心理援助热线，不是120急救电话啊。

她仔细一听，明白了。原来，老太太和老伴在家，儿子和女儿都在外地来不及赶回来。封城后，儿子女儿就更没办法回来了。这段时间，用相依为命来形容老头老太太也不为过：一个84岁，一个81岁。

这天半夜，老头的老毛病心脏病突然发作了，老太太急得六神无主，都不知道找谁帮忙了，脑子一片空白，根本想不起来找120工作人员或社区工作人员。

匆忙之下，她看到了家里有张社区散发的宣传单。老太太老眼昏花恰巧看到上面有热线两个字，还有一个号码，就迫不及待地打了过来。

接到这个电话后，心理同行还真是感觉措手不及：如果给老太太解释这是心理援助热线，估计一时半会解释不清楚，解释时间长了，万一老头过去了，岂不罪过！但是，碰到这种事情怎么处理呢？

她一拍脑袋，心想快刀斩乱麻吧，她迅速询问老太太的小区名称、家庭住址、联系电话，然后大声说：您老等着吧，很快有人上门,别急啊。

放下电话,她马上拨通120急救电话,冒充自己是老头老太太的女儿,说老头心脏病发作,有生命危险,恳请赶紧去救治。

她还觉得不放心,快速在网上查询老头老太太所在社区的值班电话并拨通,冒充相关人员的身份,"指示"社区人员赶紧上门帮忙。

拨通这两个电话后,她重重地舒了口气,觉得自己像个"特工",又像个"骗子"。

她在微信里一声长叹:"特殊时期的特殊办法吧,唉,这心理学还真没白学!"

(二)

听了她的描述,我仿佛看到了一部惊险电影,又像是经历了一次奇妙的探险之旅。我真是由衷地为这位同行喝彩:如此实战派的高超心理招法,胜过无数高谈阔论的键盘侠专家!

继而,我又觉得哪里不对:"你做了这么一件功德无量的事情,应该开心啊,怎么还郁闷呢?"

她在微信里叹息:"干的时候很激动,干完了就觉得不对劲,说不清道

不明地难受!"

何出此言呢? 我真是纳闷。

她还在微信上感叹:"都说难得糊涂,这话真是一点不假,我们怎么会选择干心理这一行的呢? 干了这一行,想糊涂都不可能了。"

她说出了真正让自己难受的地方:

听到这对老头老太太相依为命,有病去不了医院,我就想啊,还有多少这种可怜的老头老太太呢? 现在全国有两亿老头老太太啊,子女在身边照顾的真不多啊,即便没有这次病毒感染,这些老头老太太万一有什么病痛,照顾的人一时跟不上,怎么办啊? 新闻不是报道吗,有的老人家在家里死了好几天才被人发现。唉,我们以后也有老的一天啊……

她说不下去了,停顿了好长时间。过了一会儿,又开口了:

这些医生护士也是不容易啊,我即便工作也是坐在房间里接着电话吹着暖气,再不济也不用直接与病人面对面。

这些社区工作人员也可怜啊,东奔西跑的,照顾这家照顾那家,反倒自己一大家人照顾不上。

这些领导也是累个半死啊,哪有一天休息时间啊,没日没夜,哪里没干好还得挨骂,还得追责。

…………

听她在微信里滔滔不绝地倾诉,才明白:事实上,她也不容易啊! 一个人留在武汉,全力以赴地接听心理救援电话,不分白天黑夜,家人都不在身边,这种本身都值得同情的人反倒同情起别人了!

我苦笑一声:"别想那么多了,先照顾好自己吧。"

（三）

一叶落而知秋！不是说哪个职业更伟大，不是说哪个职业更值得同情，只是透过心理学这个独特的视角，我们常常能揭开一点生活的神秘面纱。

"地狱不空，誓不成佛。"曾在九华山上修行的地藏菩萨如此宣誓。

这种誓言何尝不是心理学界的誓言，何尝不是各行各业的誓言？这次疫情的暴发，深刻地让我们体会到了这一点。

心理学只是更容易共情，更容易捕捉到这些人文信息，也更容易被《倚天屠龙记》里的"七伤拳"自伤——功力每深一层，自身伤害就多一分。

设身处地之下，心理学人常常从局外人将自己设置成剧中人，虽说某种程度能帮到一些人，但是剧中人的体验常常让自己难以自拔。然而，这不是一个行业的错，也不是社会的错！如果社会上每个人都能如此互相体谅，人间是不是会多了许多阳光与春色呢？

曾有一个常见的心理训练。一个人站在中间，一圈人轮流上前指出他的一个优点，要求是说出的优点不能重复。

这个心理训练叫"优点大轰炸"：中间的人被"炸"得心花怒放，面若桃花，自己都不敢相信自己有这么多优点，就连酒糟鼻也成了"成龙式"鼻子的光辉象征！

姑且不论这个训练的科学性，起码能让人在那么一瞬间体内的快乐因子飙升。

然而，心理工作者正好反其道而行之：当种种情绪垃圾倾泻而下时，反应慢的，就被埋在了情绪垃圾之下。

47

新闻曾报道，一些心理工作者不堪忍受工作带来的巨大情绪污染，抑郁者有之，崩溃者有之，精神失常者有之，甚至采取极端行动的亦有之。职业枯竭，成了一些心理工作者难以跨越的沟壑！

推而广之，我们必须深刻地意识到，职业枯竭已经成为很多行业不容忽视的问题，不仅是心理工作者。

一些医务工作者因为救治病人而出现职业枯竭，一些教育工作者因为教书育人而出现职业枯竭，一些科研工作者因为刻苦钻研而出现职业枯竭……

职业枯竭，真是一个可怕的字眼！不仅仅是心理学行业，全社会各行各业都应该重视这种现象。

就像一盏油灯，当它在不断燃烧自己时，需要有人经常添加油料以延续活力。少了油料补充，迟早有一天会油枯灯灭！

说白了，人人付出一点爱，人人都能在付出的同时获得一点爱的回报，这世界一定会更加温暖！

歌手韦唯的那首《爱的奉献》依然在耳旁回荡：

> 这是心的呼唤，
>
> 这是爱的奉献，
>
> 这是人间的春风，
>
> 这是生命的源泉，
>
> …………
>
> 只要人人都献出一点爱，
>
> 世界将变成美好的人间。

我们不妨大声呼唤：付出者，应该有所回报；救援者，也应该被救援！

闲出来的毛病

（一）

生命在于运动,生活在于"折腾"。这是生活的一条真理。太闲了,有时候是要出问题的。

为了证实太闲了会给人带来什么影响,心理学还真做过这样的实验。

一群美国心理学家联合一家电视台,在海边租了一栋别墅,将别墅里布置得非常温馨,吃的喝的用的,一应俱全,谁住在里面,一个月都可以不用出门,"弹药"充足,补给齐备!

然后,电视台公开"悬赏"招募志愿者:啥都不干,就在这套别墅里尽情"享受",为了防止外界干扰,切断与外界的联系,而且,每待一个小时就给二十美元奖赏。

这个别致的广告一公开,无数观众觉得电视台的人脑子坏了:闲着啥都不用干,还有钱拿,这不是天上掉馅饼吗?

电视台还真的挑选了三个体格不错的志愿者。实验开始了。电视台随时配合直播。

一天后,一名志愿者耷拉着脑袋出来了:啥事都没有,闷得慌,受不了,不干了,有钱拿也不干!

三天后,第二名志愿者出来了,精神更萎靡:好歹有点活干,兴许还能多坚持几天,跟傻子一样待在里面,光有钱有屁用,快憋疯了!

八天后,第三名志愿者咆哮着冲了出来:再不出来,我就要彻底疯了,谁想出这么个馊主意,再也不上这种当了。

这个实验的结果,真是让人始料不及,也不由得让人们哈哈大笑!

如此悠闲,如此人间天堂般的生活,竟然让人逃之夭夭,这到底是怎么回事呢?

心理学的科学,轻而易举地揭示了内中奥秘:太忙了,固然受不了;太闲了,就像挥着拳头打空气,也是要出问题的。

最好的状态是不能太忙,当然也不能太闲。特别是一些习惯忙碌的人,心理学科学不主张突然闲下来,因为一旦突然闲下来,也是一件非常难受的事情。比如,五公里长跑之后,有经验的运动员断然不会马上一屁股坐下来,而是会继续快走一段路程后再休息,因为人体有一个反应过程,就像疾驰的汽车,急刹是容易出问题的。

(二)

一天,我接到一个电话:"柯医生,我这几天腰酸背痛得厉害,去医院又不方便,能否帮我看看啊?"

我戴着口罩出发了,来到他家。

这是一位长年在外打工的青年人,在外的时候每天在工地上翻上翻下,从来不叫苦,身体结实得像职业拳击手。疫情暴发后,他被"关"在家里了,一待就是十余天。

"我从来没这么清闲过,"他苦笑着说,"每天吃了睡,睡了吃,老婆还安慰我,难得这么痛快休息,该吃吃该睡睡吧。"

听到这里,我心里咯噔一声,心想,大事不好,只怕要出问题。

果然,他继续描述:"前三天没问题,休息得彻底,心里也安逸。很快

就不是那么回事了,这几天腰酸背痛,身体没有一个地方舒坦。"

我差点笑出声来:又一个闲出来的毛病!

他老婆还在旁边"补刀":"医生你看,这不是贱命吗?给他休息,这不舒服,那不舒服。"

我笑着说:"这'病'也好治,赶紧找点活干吧。"

两口子诧异地看着我:"干啥活?没活干啊?出不了门啊!"

我又笑起来:"在家里找点活干,我看你们家院子里有一堆石头,乱糟糟的,老弟受点累,花几天时间砌成墙吧。"

两口子对视一眼。妻子疑惑不解,丈夫很快就从床上跳下来:"对对对,闷死老子了,干点活。"

三天后,我打电话回访。他老婆在电话里哈哈大笑:"还在院子里砌墙呢,灰头土面,一身泥土,不过腰不酸背不痛,浑身清爽了,您看他这个贱命!"

其实,这种心理现象在心理学上有一个解读,叫作"生活节奏紊乱综合征"——闲惯的人,干一天活就得累趴;忙惯的人,闲几天就得浑身不对劲。

不仅是体力上的,脑力上同样如此。一个回武汉陪父母过年的大学教授也面临这样的问题。

计女士在所在大学从事生物学研究,主要时间都泡在实验室。本打算在武汉待五天,陪父母吃几餐饭,就赶回北方继续搞研究。她万没料到有来无回,啥时回北方变得遥遥无期。

刚开始,计女士还优哉游哉,在朋友圈大晒自己的厨艺和享受生活的心态。时间长了,朋友圈上就听不到计女士的声音了。

终于，她在微信上向我诉起苦来："柯博士啊，我才四十啊，这几天怎么有点提前患上老年痴呆的感觉？"

她接着吐槽："这几天丢三落四的，有的东西放在哪也不知道了，动不动就走神，炒菜都能炒煳……"

听她这么一说，我大概知道怎么回事了，估计又是闲出来的毛病。

细细一了解，果不其然：她本来急着回去继续之前的实验研究，没想到动弹不得，科研没法继续。老父亲的电脑陈旧，网络又不顺畅，想网上办点公查点资料也不现实。专业书籍、科研文档什么的都没带回来，一句话来总结，专业方面的研究是没法进行了。

对于一个长期习惯于科研的人来说，这真是一件痛苦的事情。就像一个天天上讲台的老师突然不给上讲台了，一个天天做报告的专家突然哑巴了，一个天天动手术的外科医生突然没有了手术刀，虽然闲下来了，但是脑子长期不用，也是要"生锈"的。

要想摆脱这种困境，不二法门就是要赶紧让脑力运作起来。

著名作家梁实秋先生抗日期间困在重庆的时候，看起来啥也干不了，但是他绝对不会让自己的脑袋休息，写出了名著《雅舍小品》。

台湾狂人李敖先生更是让人拍案叫绝：因特殊原因被判刑，待在监房里依然忙个不停，要么是体力劳动——把马桶擦了又擦，几乎擦成了工艺品；要么是脑力劳动——拿出纸和笔，凭自己的大脑储存量进行写作。他还不忘自嘲：这地方好，没人打搅。

就这样，出监的时候，李敖笑嘻嘻地带着一大堆手稿回家

了,很快就出版发行了好几本书。

当我把这个道理告知计女士后,她马上听出了弦外之音:"明白了,明白了,我得找点动脑筋的事情啊,我知道怎样干了。"

(三)

生活充满了神奇的辩证法,心理学往往是那一双发现"以正合,以奇胜"的眼睛。

任何事情都是祸兮福兮,福兮祸兮。这次疫情暴发让无数人无可奈何地宅在家里——有的人一天天地"沉沦",有的人一天天地创造机会积极奋进。待疫情结束,二者之间的差距就清清楚楚地凸显出来。

生活就是这样:即使再闲,也不能停止前进的步伐,一定要学会"无事生非"。生命是动态的,绝对不是静态的。

明白了这个道理,生活里的很多现象都拨云见日,让人茅塞顿开。穿透疫情的迷雾,我们仿佛看到了生活的一些真谛。

常见的情形是:一些人在上班的时候忙前忙后,生龙活虎,一旦赋闲在家,一会儿身体不适,一会儿睡眠障碍,一会儿情绪低落,不一而足。总之,忙的时候没什么问题,闲下来了反倒啥毛病都出来了。

所以,心理学上提倡"退休不退役,人老心不老",这是极其有利于人们的身心健康的。

另一种不容忽视的现状是:农村里的人越来越少,城里人越来越多。这固然是经济发展带来的社会情形,但是其中隐藏着很多心理学危机。

一对乡下老夫妇,含辛茹苦地把独子抚养成人,省吃俭用供儿子上大学,读研究生。儿子也很争气,一路努力一路打拼,毕业后,终于在城里找了份不错的工作安定下来,也在城里买了房子,而且娶了个城里女孩结婚生子。

在城里扎下根来,儿子想到了可怜的老父老母,想起父母依然成天佝偻着腰下地干活,儿子的眼泪就下来了。

受不住这种煎熬,儿子与媳妇商量,做出了一个重大决定。一辈子都没有好好尽孝,父母残烛之年,一定要尽点孝心,让他们好好享几天福,安度晚年。

一不做二不休,儿子安顿好工作,回到乡下老家,把老家房子简单收拾整理后,锁上门,带着父母和行李就准备回城。

回城的时候,左邻右舍都来跟老两口送行,眼里噙着泪花:多好的儿子啊,多好的儿子啊。您二老终于可以跟着儿子享享福了,这一辈子真是当牛做马,累死了!

老两口也激动地擦着眼泪,与乡人告别。

来到城里,老两口几乎啥活都不用干了,充其量就是帮儿子一家做做饭、扫扫地。这点活对于一对长年劳作的老夫妇来说,就等于没活干。

电视也看不太懂,城里人说话也听不懂,老两口在城里越住越别扭,越住越觉得身子骨难受。

不到一个月,老两口实在受不住了,央求儿子送他们回乡下老家,刚开始儿子断然拒绝,但是后来见到父母老泪纵横,实在拗不过,只好极不情愿地把他们送回家。

老两口高高兴兴地回到乡下老家,可以重新过理想中的农田生活了。让人万万没想到,左邻右舍义愤填膺,纷纷议论

开了：

　　"才接到城里伺候一个月就送回来了,原来接到城里是故意做给我们看的吧,作秀啊。"

　　"辛苦养他几十年,如今出息了,把老两口往家一扔,不管了啊。"

　　"我第一次见到他家儿媳的时候就觉得她不是什么好东西,肯定在城里虐待老两口,老两口受不了逃回来了。"

　　…………

生命在于运动

都说人言可畏,这种种不明真相的唾沫,几乎可以淹死儿子。

老两口终于听到了风言风语,急得一家家上门解释:我儿子对我们真好啊,真孝顺啊,是我们要回来,与他无关啊!

只是这样的解释谁信呢?

不解释还好,越解释乡人越气:看看这可怜的老两口,都这个时候了还在帮儿子说话!

这个故事真让人如鲠在喉。

客观来说,儿子没有错,老两口也没有错,然而事情的结局却是一地鸡毛。

所以,太闲不是好事,让人太享清福也不是明智之举,无论对于老人、大人还是孩子。

一言以蔽之,别太闲,赶紧行动起来,只要别太离谱,阳光总在风雨后,心花总会灿烂开放!

特殊时期的家教风暴

（一）

当整个社会都在静静思考一个前所未有的命题的时候，家庭无疑成了最直观最真实的社会投影。

一个家庭里，三代人围坐着吃饭。

最小的孙女问：爷爷，为什么今天没有肉吃？

七十岁的爷爷回答：没有肉也挺好啊，你看，这个菜也挺好啊。

说完，爷爷夹起一块豆腐塞进嘴里，边吃边咂嘴：好吃，真好吃。

五岁的孙女也跟着夹了一块塞进嘴里，皱着眉头嚼了几口：爷爷，没有肉好吃。

爷爷慈祥地说：多吃点，就知道好吃了。

孙女又夹了一块。嚼了一会儿：爷爷，真的比原来好吃了。

爷爷在微笑。孙女也露出了笑容。

另一个家庭里，三代人也围坐着吃饭。

幼小的儿子问：妈妈，为什么今天没有肉吃？

三十出头的妈妈用涂着口红的嘴回答：没有肉就不能吃饭了？

孩子低着头，压低声音说：这些菜都不好吃。

妈妈马上火了，用涂着指甲油的手指指着孩子：有的吃就不

57

错了,挑三拣四是吧! 妈妈小时候连这个都吃不上!

孩子的头更低了,一句话不敢说,一筷接一筷地吃着米饭,一口菜都不敢夹。

旁边的奶奶一句话没说,夹了一块萝卜放在孙子碗里:试试这个。

孙子一句话没说,夹起萝卜就吃得精光。

有足够生活阅历的人反倒不谈苦楚,缺乏生活阅历的人却在一个劲地感叹命运多舛! 这就是现代社会的一个怪现象。

(二)

一个母亲给我微信留言:医生,我要疯了,读高一的儿子每天睡到中午起床,我家现在每天只吃两顿,早饭已经没有了,但是他经常半夜起来找零食。

听到这里,我还没太在意,毕竟疫情让很多人的生活变得不规律,但是她接下来的留言让我忍不住皱起了眉头:其实吧,我们大人起早点起晚点都没问题,但是他不能这样啊,他还得上学啊。一旦上学了,他哪能一下子调整过来呢? 他不像我们上班族啊,本来睡眠就不规律……

我有点听不下去了,很快在微信上联系上了她。我重点关注了一个问题:除了这个高一的孩子,家庭里其他成员的生活作息是否规律?

这位母亲在微信里吞吞吐吐,一个劲地解释:我和他爸吧,的确不太有规律,但是,我们现在每天的重点都在他身上,平时顾不上他,正好好好照顾一下他,挺好呀!

我追问了一句:如果孩子生活作息规律,每天早上能按时起床,你一

定能按时起来做早饭,是吗?

她肯定地回答:那当然了,只要他起来,我会马上起来做饭,但是,他不起来,我起来也没啥意义啊!

我越听越糊涂,这番话有一种逻辑混乱的感觉。

孩子如果生活作息规律,父母自然会规律。这句话听起来好像也没错,但是有没有想过孩子也会这么想呢?

都说身教胜过言传,父母做不好的事情又如何能要求孩子呢? 知识层面没必要在孩子面前逞能,但是,生活养成方面父母一定要当好榜样!

难道忘了那个千年传承的故事:父母用箩筐将老得不能动的爷爷奶奶挑起来,准备抬到荒山野岭扔掉。他们的儿子说话了:"别忘了把箩筐带回来,等你们老了,我也把你们挑出去扔了。"

身教重于言传,这是一条亘古不变的真理。疫情的不期而至,让这个命题鲜活起来。

疫情面前,宅在家里,父母成天无所事事,茫然不知所措,却要求孩子有忧患意识,应在逆境之下奋发图强,这岂不是滑天下之大稽!

父母天天脸色阴沉,一副"山雨欲来风满楼"的神情,却要求孩子学会乐观,学会"看庭前花开花落",这又怎么可能呢?

父母躺在沙发上手机不离手,却指责孩子沉迷手机游戏,这难道不是"只许州官放火,不许百姓点灯"吗?

⋯⋯⋯⋯

一幕幕画面,一个个故事。心理学在扼腕叹息,仰天长叹!

(三)

不仅仅是生活养成,传统文化精神财富也在疫情之下面临巨大考验。

百事孝为先,做事先做人,赠人玫瑰,手有余香……这些先人历练几千年得出的真理,也在疫情面前有了另一种诠释。

一家饭桌上,一个患阿尔茨海默病的老头埋头一口一口地吃饭,桌上的菜对他来说形同虚设,他已经不懂得吃一口饭,夹一口菜的道理了。很多生活常识,他都没有概念了。

五十岁的大儿子夹了一口菜放在他碗里,老头马上把菜夹回大儿子碗里。四十五岁的小儿子也夹了一口菜放在他碗里,他马上把菜夹回小儿子碗里。

这是怎么回事? 一家人面面相觑。坐在老头身旁的老太太抹了把眼泪:"我懂他,他还停留在你们小时候的记忆呢,还以为你们是小孩呢,所以舍不得吃,要给你们吃。"

但是,老头不能只吃干饭啊!

一旁的四岁小孙女看不懂这些,她只觉得爷爷很好玩。她听不懂大人的话,以为爷爷在和他们玩游戏。

小孙女高兴地下了桌子,端着小碗拿着筷子来到爷爷身边。小孙女也夹了一口菜放在爷爷碗里,大家以为爷爷会像之前一样把菜夹回给孙女。

让人意料不到的事情出现了:爷爷没有动自己碗里的菜,而是从菜盘里夹了一口同样的菜放在孙女碗里。

小孙女高兴极了,觉得爷爷太好玩了,比商城里的玩具好玩多了,也比之前养的猫狗好玩。

小孙女干脆一屁股坐在爷爷身边。她只要想吃什么菜,就从菜碗里夹一口菜放在爷爷碗里,她知道,爷爷一定会像二传手

一样同样从菜碗里夹一口同样的菜给她。

小孙女咯咯地笑个不停,爷爷也咧开快掉光牙的嘴看着小孙女憨笑。

一家人又愣住了,这又是怎么回事?

老太太又抹了把眼泪:我懂他,他以为他回到几岁的时候了,在和小朋友玩游戏。

小孙女还在和爷爷快活地玩着从未有过的特殊"游戏"。泪水,悄无声息地从其他人脸上滑落下来。

都说老小老小,人老了到底是老还是小呢?为什么总能触发我们的眼泪呢?

平日里,没有机会与父母待在一起,很多人在歌厅唱着《念亲恩》的歌,在外人面前挤出几滴眼泪来装饰门面。这次疫情暴发,有时间与父长期待在一起了,却又对父母不闻不问,睡到自然醒,等到父母喊破了嗓子才极不情愿地起床,吃着父母做的饭却抱怨父母不该惊醒自己的美梦!

有时候,生活真不是一首散文诗,而像一部马克·吐温的讽刺小说。

情人节到了,微信群上悄无声息,街头巷尾人头攒动:送花的,示爱的,发誓要海枯石烂的,恨不得把天上的星星摘下来给那个传说中的意中人的……有多少故事常常就有多少失望。

母亲节到了,微信群上人声鼎沸,感恩之心撼天动地,孝男孝女们在微信上在朋友圈里大肆挥洒网络眼泪,生怕别人不知道他有一个母亲,生怕别人以为他像孙悟空一样,是从石头缝里蹦出来的。事实上,母亲们往往在孤苦伶仃,一点都不知道儿女们在网络上的这份"深情"。

情人们都知道情人节,但是母亲们往往不知道母亲节的存在!

第三章　千里之行 始于足下

月有阴晴圆缺,人有悲欢离合,此事古难全。

生命轮回,在自然灾难面前,是如此脆弱。

人情冷暖,在众志成城之下,是如此动人。

不屈的龙之精神,不倒的万里长城。生命之火啊,在灾难面前放声歌唱!

有朝一日,当我们回望这段历史时,除了"忽报人间曾伏虎,泪飞顿作倾盆雨",更多的是对生命的珍惜和对生活的反思。

仰视苍穹,我们只是宇宙中的一粟;俯瞰大海,我们只是波涛中的一滴。我们应该对大自然保持敬畏之心,也应该对生活保持感恩之心。

大自然没有亏待我们,生活也没有愧对我们。

我们不应该对大自然太苛刻。为什么不能与大自然和谐共处呢? 为什么不能珍惜大自然中的一草一木,一禽一兽呢?

《大珠禅师语录》有云:"青青翠竹,总是法身;郁郁黄花,无非般若。"

海印禅师说:"月白风恬,山青水绿。法法现前,头头具足。"

庄子说:"天地与我共生,万物与我为一。"

很多时候,不是自然侵犯我们,恰恰是因为我们打搅了它们,不是吗?

一个五岁的孩子,蹲在地上看蚂蚁搬家。他突然看到一只蚂蚁被路

人的脚踩死了，孩子哇哇大哭，泪水止不住地流。孩子的滴滴眼泪，不是悲伤与心痛，而是一种期盼与祈祷。如此宝贵的心灵，只会让一些热衷于享用饕餮盛宴的人自惭形秽！

自然之中处处都隐藏着美，我们往往缺少发现美的眼睛；生活之中处处都是真善美，我们常常熟视无睹。

"从明天起，做一个幸福的人，喂马劈柴，周游世界；从明天起，关心粮食与蔬菜……"诗人海子如此慨叹。

泰戈尔说得更直接："用心甘情愿的态度，过随遇而安的生活，生如夏花般灿烂，死如秋叶之静美。"

生活就是这样：你笑，它可能回报以笑；你哭，它不可能陪着你哭。

不要太过怨天尤人，不要太过愤世嫉俗。珍惜当下，活在未来，不也是一种生活姿态吗？

人不会因为岁月的流逝而老朽，当理想之火泯灭的时候，人生的暮年就开始了。悲观，恐慌，绝望……这些都是夭折精神之树的元凶！

只是，生活有时候也会给我们开点玩笑，也会给我们一点意想不到的困扰。这其实不是生活的错，生活也有困倦的时候。

我们要热爱生活，也要理解生活。当生活不小心欺骗我们的时候，想想普希金的诗作：

假如生活欺骗了你，

不要悲伤，不要心急！

忧郁的日子里需要镇静：

相信吧，快乐的日子将会来临！

心儿永远向往着未来；

现在却常是忧郁。

一切都是瞬息，一切都将会过去；

而那过去了的，就会成为亲切的怀恋。

每个人,都应该是医生

(一)

有这样一个真实的故事:

一天,我在巡诊的路上路过一片菜地。菜地里只有一个菜农在摘菜。菜地面积不算小,大概有一个足球场那么大。最吸引我的倒不是偌大的菜地只有一个人劳作,虽然这的确有点"孤舟蓑笠翁,独钓寒江雪"的味道,最让我惊奇的是这位中年女性在摘菜的时候戴着厚厚的大口罩。远远地都能看到她在不停擦汗,想来口罩上也是沾满了汗水。

按照一般人理解,戴着口罩无可厚非,各种声音不是都在强调要戴口罩吗?特别是出门在外,怎么能不戴口罩呢?

然而,真正的医学常识是:在空旷的一大片菜地里独自一人,方圆五十米内见不到一个人,这其实是非常安全的。想想看,即使有传染的风险也得要传染源——别说没有新型冠状病毒肺炎病人,身边连个人都没有,何来的传染源呢?

所以,在这种地方,大可以摘下口罩,大口大口呼吸这难得的清新空气。

再说了,戴着口罩劳作,时间一长,难免头上脸上汗津津的,口罩一旦被汗浸湿,很多防护功效就不复存在,反倒容易被病毒、细菌什么的感染上。

新型冠状病毒肺炎(COVID-19)疫情的暴发,将平日里默默无闻的

口罩推上了风口浪尖。显然,对于普通民众来说,防范新型冠状病毒,口罩是关键中的关键。所以,全国人民都在疯抢口罩。让人如鲠在喉的是,口罩的用法却五花八门,违反医学常识的现象比比皆是。

比如一些人戴着口罩,觉得闷得慌,随手把口罩往下拽拽,露出两个大鼻孔,这下呼吸顺畅,看着还有型。

不得不说,鼻孔露在外面,门户大开,病毒畅通无阻,口罩形同虚设,等于没戴。

再如一些人,一个口罩一戴就是一天,甚至晚上睡觉还戴着口罩,防护工作真是做到极致。然而,任何一个口罩都是有使用时限的,一般也就是四小时左右。超过这个时间,防护效果就大打折扣。特别是晚上睡觉,就没必要戴口罩,除非是在病房里担心交叉感染。

还有一些人,雨天外出,雨水淋湿了口罩,有的人摘下口罩,揪一揪,顺便用揪干的口罩在脸上擦一把雨水,再戴上。

这样的动作真是有点让人啼笑皆非。别说口罩不能当擦脸布,口罩一旦淋湿了,哪还有防护作用呢?

(二)

例子举不胜举。一叶落而知秋。可见,普通民众对基本的预防医学常识了解甚少。通过这些司空见惯的生活细节,我们不难发现,不仅仅是病毒防护,医学科普事关民生工程,仍然任重道远。

魏王接见扁鹊,说:我听天下人说,你是天下第一神医?

扁鹊答:大王言重了,我不是第一神医。

魏王有点吃惊:难道有人医术比你高?

扁鹊答:其他人不了解,我起码知道有两个人水平比我高。

魏王更好奇了:两个人水平比你高? 从来没听人说过啊!

扁鹊不急不忙地说开了:我家兄弟三个都是医生。大哥看病,只需拿拿脉就知道是否会发病,对于那些可能要发病的,他采取点措施让人不发病,人们甚至都不知道他是医生;二哥看病,别人有小恙的时候他就能把脉诊出,从而及时采取措施治疗,人们都以为他是个瞧小病的医生;我其实水平最差,往往在病人病重的时候才出手,但是人们误以为我水平高。

魏王听后,深以为然。

扁鹊与魏王的故事告诉我们,预防疾病比治疗疾病更重要。

如果说临床医生是治疗疾病的丹青圣手,那么生活里每个人都应该是"治未病"的妙手书生。

如果每个人都掌握了足够的医学科普常识,那么每个人都可以成为自己的保健医生,如此一来,对付疾病的侵犯,我们无疑有了另一道科学武装起来的钢铁长城。

不仅是生理方面,心理方面同样如此。灾难的来临,对于生活中的每一个人都是一种锤炼。抑郁、焦虑、恐惧……种种不良情绪急剧攀升,每个人的心理面临极大考验。

在重大自然灾害面前,智商和情商都弱不禁风,逆商再次显示出独特的生命力。说白了,抗挫力决定人的一生。

逆商或者抗挫力,是历史的产物,也是现实的需要。大雪压青松,青松挺且直,这样的精神就是逆商的经典解读。

疫情暴发之后,网络上好不热闹,网络世界一片大盛宴的景象。怨天

尤人,自暴自弃,情绪失控……让人眼花缭乱,观者的心态就像坐过山车一样此起彼伏。

诚然,"家事国事天下事,事事关心"固然不错,保持一颗沉稳而淡定的心,更弥足珍贵。

禅宗六祖慧能,一天来到法性寺。这时,寺幡翩然起舞。众僧客议论起来。有人说:这是风动;有人说:这是幡动。大伙争论不休。这时,慧能站起来大声说:不是风动,也不是幡动,是心动!

多么痛彻的顿悟! 灾难面前,我们是不是应该多多寻求这样的心态呢?

未雨绸缪，谨防心理创伤

（一）

千禧年（2000 年）以来，中华民族经受了多次自然灾害，非典疫情、汶川大地震和新冠肺炎疫情，无疑是其中最令人难忘的。

比如汶川大地震的那一场灾祸，带来的不仅是地震现场的惨烈景象，也不仅是全国人民抗震救灾的感人画面，还有灾后延续数月甚至数年的"后遗症"。今天想来，依然有着极大的参考价值。

当时有这样两个真实的故事：

一名地震的幸存者，家里多名直系亲属不幸在地震中丧生。他被救援人员救出来后，不久清醒过来，在帐篷里躺了几天。终于有一天，他获知了地震带来的家庭惨剧，当场情绪崩溃。

随后，心理救援专家对他实施了一系列心理干预措施。一个月后，他情绪平复了下来，重新开始了正常生活。心理救援专家进行了回访，觉得状态良好，遂从名单上解除了他重点关注对象的标记。

大家都觉得这件事告一段落了。事实上，这名幸存者在其后近一年的时间里表现得很好，工作生活都重新回到正轨，情绪也非常稳定。

不知不觉，时间来到第二年春天。当他基本被人淡忘的时候，有一天晚上，他出人意料地做出了极端行为——割腕。大家手忙脚乱地把他送到医院救治。

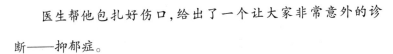

医生帮他包扎好伤口,给出了一个让大家非常意外的诊断——抑郁症。

抑郁症? 大家面面相觑:去年那么大的刺激没得抑郁症,这一年看起来好好的,怎么现在得了抑郁症呢?

另一个故事是这样的:

一名参与救援的部队士官,在救援过程中身先士卒,从不喊苦喊累。他的这种奋不顾身的精神,感动了救援现场的很多人。

任务完成后,他随部队回到了驻地。遵照上级命令,一行战友在营区疗养一段时间。疗养期间,无须参加军事训练。

应该说,这是一个非常人性化的举措。然而,让人想不到的事情出现了。

这名士官彻夜睡不着,情绪状态越来越不对劲。刚开始,他还能在床上静躺一会儿,之后眼见着躺不住了,在房间里像无头苍蝇一样转来转去,边走边喊胸闷,到最后控制不住地大喊大叫。

身边的战友吓坏了:这是怎么回事? 那么艰辛地救援,他不是斗志昂扬吗? 怎么回来疗养了,就像疯了一样呢?

大伙慌忙把他送到医院。一通检查之后,医生说身体没问题。身体没问题,那就说明心理有问题了? 战友们疑惑地看着医生。

医生难过地说:"救援的时候,他一心想着救援,没时间考虑太多。现在回来了,有时间来回顾救援时见到的一些惨烈场面了,越想越难受,越想越觉得灾民可怜,所以就这样了。"

71

这到底是什么病呢？战友们依然疑惑。

医生叹了口气："这是一种心理疾病, 一种心理应激性疾病, 可能会影响他很长时间甚至一辈子。"

服了药, 这名士官的情绪慢慢平稳下来。但是此后多年, 每年的春天来临, 特别是汶川大地震纪念日临近, 他的情绪状态就会再次反复。

医生说："每年春天提前用点药吧, 只能这样了。"

显然, 这是两个惨痛的故事, 但是给了我们足够的启示。随着这次疫情的控制, 我们不能不对疫后一些可能的现象多一些思考和防范。古人云：凡事预则立, 不预则废。

事实上, 心理学有一个专业名词——创伤后应激障碍, 意指一场重大心理刺激如重大自然灾害后, 人们会在之后数月甚至数年的时间里出现闪回现象。说白了, 常常会在不经意间或场景诱发之下再次回忆起曾经的痛苦经历, 从而带来种种心理不适甚至心理障碍。

"一朝被蛇咬, 十年怕井绳", 就是这个道理。前述两个故事不正属于这种现象吗？

(二)

健忘一点对于我们来说不见得就是坏事。疫情之后, 如果能像猪八戒一样没心没肺, 倒也无可厚非。只是谁能做到呢？

想想新冠病毒肆虐, 一旦疫情得到控制, 人们的生活回归风平浪静之时, 无数人的心中是否会暗潮汹涌呢？

这是一个不得不考虑的问题, 也是一个不得不正视的现实！只是, 如

何有效地破解这个难题呢?

心理学有一条定律,名叫棘轮效应。

所谓棘轮效应,顾名思义,就像棘轮行驶一样,一旦启动,有了一定的惯性,就很难改变这种惯性。简言之,一种习惯一旦形成,很多人就很难从这种惯性中抽逃出来。

司马光说:由俭入奢易,由奢入俭难。就是这个道理!

所以我们很容易在生活中见到这样的情形:一个过惯了锦衣玉食的人,再来吃粗茶淡饭,怎么都难入口;一个成天打拼的人,一旦"金盆洗手,退隐山林",怎么都觉得没劲头;一个成天提心吊胆的人,突然没有了威胁,怎么都觉得草木皆兵……

可见,一旦疫情危机解除,很多人恐怕很难短时间内从这种惶恐而紧张的状态中解脱出来,一种难于言喻的危机感会持续很长一段时间。

所以,我们不如变被动为主动——即便疫情危机解除后,我们依然应该保持适度的危机感。除了疫情,生活里还有很多值得我们探索和追求的东西,不是吗?

1949 年 10 月 1 日,中华人民共和国成立了! 全国人民都重重舒了一口气。然而,伟大领袖毛主席及时而睿智地提醒全国人民:下一个二万五千里长征开始了!

是的! 打赢这场抗疫之战,我们何不尽快投入另一场生活的"抗疫"呢! 在内心隐隐作痛的同时,我们不妨鼓足勇气,迅速投入火一样的工作和生活,以充实和忙碌的状态冲淡那些不快的感受。

我们坚信,长风波浪会有时,直挂云帆济沧海!

生于忧患，走好每一步

（一）

中华民族历来是一个有忧患意识的民族。生于忧患，死于安乐，这是上下五千年的历史沉淀。

有了忧患意识，我们才能认识到：任何灾难只是中华民族五千年众多苦难中的沧海一粟；有了忧患意识，我们才能在抗击灾难的战役中万众一心，群策群力；有了忧患意识，我们才能在以后的日子里更加坚持实干务实的生活态度。

"实干兴邦，空谈误国。"这句箴言一再在我们耳旁回荡，它是忧患意识最本真的体现。实干精神，是中华民族的伟大历史财富，也是我们今天要反复深思的一道人生课题。

让人痛心的是，有些东西拥有的时候往往不以为然，失去了才知道宝贵。

有这样一个哲理故事：

一个才华横溢的诗人，写出来的诗歌灿烂夺目，景仰者众。诗人娶了个漂亮老婆，美若天仙。诗人靠诗歌赚来的财富越来越多，衣食无忧，眼见着一辈子不用为金钱犯愁了。

诗人的生活完美了，然而诗人的灵魂慢慢丢失了，他竟然怎么也体会不到幸福的滋味。

苦恼的诗人四处寻找幸福的感觉，直至碰到假扮成人的上帝。上帝笑了笑：我让你知道什么叫幸福。于是，上帝果断地拿

走了诗人的才华。

才华没有了,诗人写不出诗歌了。写不出诗歌,也就赚不到钱了。坐吃山空,财富很快就见底了。漂亮的老婆一见都要饿死了,也"另寻高就"了。诗人终于成了乞丐,端着个破碗四处乞讨。

75

上帝又来到诗人面前。诗人热泪盈眶:我终于知道什么叫幸福了。

太平盛世,很多人得过且过,做一天和尚撞一天钟,生活里这挑剔那不满,牢骚满腹,愤世嫉俗,丝毫不懂得知足常乐的道理,更有甚者,"为赋新词强说愁",对着漫天星光强挤泪水,以示灵魂"高人一等",矫揉造作之态让人作呕。

一场疫情的到来,让无数心灵鸡汤式的人类学者哑口无言,颇有"英雄无用武之地"的遗憾。

在疫情面前,任何长吁短叹都于事无补,唯有踏踏实实地投入抗疫战争的行动中,才是不变的选择。

在疫情面前,任何空谈式的口号都是雾里探花:与其在悬崖展览千年,不如在爱人肩头痛哭一晚;与其在网络上狂呼乱喊,不如在现实生活里做好自己。

在疫情面前,任何高谈阔论都不无哗众取宠之嫌。有"指点江山"的勇气,何不痛痛快快地剖析自己!

(二)

生活不是只有心灵鸡汤,更多的是柴米油盐;生活里不仅有阳春白雪,更离不开下里巴人。

不畏浮云遮望眼,这比什么都重要。努力做好自己,就是最好的忧患意识之体现。

深究起来,相比人类来说,病毒更像是这个星球的老主人。有没有想过,到底是病毒先侵犯人类,还是人类先打搅了病毒?

防御病毒,我们离不开知识。但是,知识有时也是有毒的,如果只懂得知识,而不懂得与世界和睦相处的道理,那么,知识也可能让人类作茧自缚。

作文先做人,做事先处世。老祖宗总结出来的经验,在今天不但不落伍,反而更值得好好玩味。

子曰:弟子入则孝,出则弟,谨而信,泛爱众,而亲仁。行有余力,则以学文。

只有善于与大自然打交道,与人类打交道,如此基础上的知识才是有用的知识,这样的生活方式才是值得推崇的模式。这既适用于防范病毒,也适用于社会生活。

再说了,不是每一种病毒都是"混蛋",有的病毒能与人类和谐共存,这种和平共处的方式本身就值得人类学习。

　　有一种病毒,叫噬菌体,是病毒中最为普遍和分布最广的群体。顾名思义,这是一种吞噬细菌的病毒。从这个角度来看,噬菌体本身就可以与人体合作来对付一些有害于人体的细菌。

　　是不是让人大跌眼镜? 所以,走好每一步,别忘了与身边的自然环境和人文环境和谐共处!

像海明威一样去战斗

（一）

严格来说,海明威不是一个人,而是一种代号。

海明威,给人的第一感觉是硬汉精神,就像他在名作《老人与海》里塑造的圣地亚哥一样。

风烛残年的老渔夫圣地亚哥,一连84天都没有钓到一条鱼,但他不肯认输,充满奋斗的精神,终于在第85天钓到一条大马林鱼。经过两天两夜的搏斗,他终于杀死大鱼,然而许多鲨鱼前来抢夺他的战利品。他一一杀死它们,最后只剩下一支折断的舵柄作为武器。结果,大鱼仍难逃被吃光的命运。最终,老人筋疲力尽地拖回一副鱼骨头。

人可以失败,但不可以被击败,外在的肉体可以接受折磨,但内心的意志却是神圣不可侵犯的,这是《老人与海》一再强调的一种精神。

作为一种代号,海明威不仅是一种硬汉精神,还是一种力量的传承。

有一种病毒,时至今日还时不时地攻击人类,这种病毒名叫脊髓灰质炎病毒,人体一旦被攻击就会出现小儿麻痹症,严重者会出现瘫痪。

1963 年,脊髓灰质炎病毒侵袭了台湾省的一个两岁小孩儿,结果造成他一生的腿疾。

这个男孩跛着脚,照样与其他小伙伴打成一片,结果有小伙伴欺负他腿疾,他会愤然反击,绝不回家流泪。

长大后,他积极尝试各种工作并投入广告事业,他从来不把自己当成残疾人看待,甚至乐此不疲地追求女孩。

26 岁那年,他与几个朋友一起吃饭,桌上一个女孩深深地吸引了他。他灵感乍现,写出了这辈子的第一首歌——《给开心女孩》。

当这首歌成为广告插曲为人熟知时,这位残疾青年立即引起了点将唱片公司的注意,并随即被其收罗旗下。

这以后,一张张歌曲专辑汹涌而出:《单身逃亡》《坠落天使》《年轻时代》《私房歌》《星星点灯》,其中一曲《水手》广为传唱,经久不衰。

这个被脊髓灰质炎病毒击中的男孩,这个迸发无限人生光芒的男人,他的名字叫郑智化。

郑智化，一个用灵魂发声的歌者，他的歌带来的是一种心灵的震撼，一种灵魂的升华，更多的是对生命和现实的一种反思，是一种看得见生命故事画面的声音。

（二）

如果说海明威是一种代号，那么郑智化是一种精神。

像海明威一样去战斗，这是时代的呼唤，也是对抗自然和社会灾难的一种生存方式。

海明威式的战斗，最大的特点在于默默无闻，不断奋进，将阴影悄无声息地抛于脑后。想想看，一个大踏步向前奋进的人，怎么会顾及身后的阴影？

心理学有一个经典实验：

将 163 个人分成两组进行不同测试，每人写下各自的目标，其中一半参加实验的人在房间里宣誓他们的目标承诺，另一半人保密目标。接下来，每个人有 45 分钟的时间进行工作，他们可以选择努力工作直至目标完成，也可以选择停下来休息。

实验的结果非常有启发价值：那些不泄露目标的人，平均工作了整整 45 分钟，而且表示为了实现这个目标还有很长一段路要走。反过来，那些早早说出自己目标的人，平均工作了大概 30 分钟就放弃了，采访的时候他们表示自己已经快要接近目标了。

这个实验到底在告诉我们什么秘密呢？难道说分享追求目标也有错吗？下定决心的目标，不要轻易告诉别人，这就是海明威式的战斗风格。

化繁为简,不变应万变

(一)

电视剧《射雕英雄传》堪称武侠电视剧的经典力作,里面的人物形象让人久久不能忘怀。剧中有这样一个情节:

郭靖准备迎战梅超风。梅超风的招数素以阴辣著称,可谓是阴招不断,其成名技法"九阴白骨爪"更是让江湖中人闻风丧胆。郭靖则是老老实实有些愚钝,干什么都是一板一眼,按照柯镇恶的说法就根本不是学武的料。

这样两个人比武,初看之下实在没什么可比性,郭靖一点赢面都没有。

没想到在这节骨眼上,洪七公指点郭靖几句:梅超风的招数虚虚实实,实实虚虚,变化莫测。你要对付她就一个办法,不管她是虚招还是实招,你只管使出实招,以不变应万变,其招自破。

洪七公真是老江湖,几句话让郭靖茅塞顿开,顺利击败了梅超风。

应该说,《射雕英雄传》不仅是一部武侠力作,也是一部人文杰作,里面充斥的哲学道理常常让人陷入深思。

以不变应万变,多么深刻的醒悟。病毒等灾难来袭时,这个道理更值得深思。

(二)

以不变应万变,做好自己比什么都重要。

81

习近平总书记说过，无论外部风云如何变幻，对中国来说最重要的就是做好自己的事情。

这句话适用于国家，也适用于个人。

台湾作家蒋勋先生说，做自己是一种美。生活不是每时每刻都如人意，踏踏实实地做好自己，何尝不是一种美呢？

六祖慧能一天来到法性寺。门前寺幡迎风飞舞，一群众僧议论纷纷，有人言风动，有人言幡动，争执不休，慧能淡然一笑：既非风动也非幡动，而是心动。

病毒来袭，有时候人心祸乱比疫情更可怕！历史上屡次病毒大爆发，人心惶恐之可怕，不亚于另一场"狂风骤雨"。

1649 年，正是清王朝入主北京的第五年。

春节刚过，北京城里一片恐慌，并非是又有敌方的军队打过来了，而是天花病毒大爆发。

消息在坊间迅速流传，京城百姓乱作一团。稍有发热或生疥癣艾疮的百姓无不被驱逐，就连顺治皇帝也早早跑到城外南苑避毒去了，但他最终还是死于天花病毒。其后天花病毒困扰了清王朝两百多年。

1874 年 10 月 30 日，同治皇帝确诊感染了天花病毒，面对同治皇帝越来越严重的病情，慈禧太后只会率领文武大臣，依照祖上传下的规矩在宫内外"供送瘟神"，同年 12 月 5 日，同治皇帝凄惨地告别了人世。

伴随天花病毒疫情的清王朝始终笼罩在惊恐和痛苦的阴影中。

疫情之下，无数百姓无心耕种、四窜而逃、流离失所，并非由于天花病

毒感染而带来的死亡人数不计其数。

可见,病毒爆发带来的人心动乱,不愧为另一场"心理疫情"。

有鉴于此,做好自己,有了更深层次的另一种解读,那就是尽量做好当下能做的事情。

活在当下,以不变应万变,也是生活的一条定律。

旁观之下,焉有完卵

(一)

有一个真实的案例,时至今日还在新闻学上广为流传。

1964 年 3 月 13 日深夜三点到四点间,住在美国纽约皇后区邱园的酒店女经理基蒂·吉诺维斯在回家途中遇害。当时她已经快走到家门口,凶手温斯顿·莫斯利窜出来杀害了她,28 岁的受害者全身共有 13 处穿刺伤。

本来只是一个普通的凶杀案,民众本来没太在意,因为破案是警察的事情。然后,事情很快引起了全美关注。

案件发生两周后,《纽约时报》在头版新闻中称,在吉诺维斯案中共有 38 人耳闻或目击凶案发生,却无人报警。

一石惊起千层浪。这篇报道旋即引起了轩然大波,引发全美对都市人性冷漠的大讨论。

吉诺维斯案于是意外地脱离了本地新闻的环境,成为一个社会心理学的经典案例,它带来了两点最直接的影响:一是社会心理学研究专家为此提出了一个全新的心理学名词——旁观者效应;二是 911 报警电话等美国公共安全措施得以实施。

旁观者效应就此进入人们的视野。人们都觉得,旁观者效应展现出来的人性冷漠,是比凶案更可怕的事情。

然而,半个世纪后,这一事件再次出现反转。

案件发生半个世纪后,美国媒体人凯文·库克根据警方档

案、庭审记录，以及自己的深入调查，在《旁观者》一书中抽丝剥茧地还原了吉诺维斯案的真相。

原来，《纽约时报》的报道是失实的，事实上只有五六个人真的比较清楚当时发生了什么，有两个人确实知道正在发生什么，其中一个拒不报警，另一个人经过长时间的犹豫还是报了警，虽然为时已晚。

《旁观者》一书的问世，再次将这起凶案及相关事件推上了媒体的风口浪尖。无数人在感叹：为了制造吸引眼球的新闻而不惜歪曲事实，这算不算一种不当的新闻伦理呢？

时至今日，这个事件还在新闻学上广为讨论。很多人说，抛开新闻本身，这个事情有非常重大的社会价值，因为它让旁观者效应引起全社会的关注。这可真是有心栽花花不开，无心插柳柳成荫。

有媒体人说，"也许吉诺维斯没有白死，她成了一个历史性角色，也包括后续的正面历史影响"。也有人从心理学角度讲，"吉洛维斯真的没有白死"，这个事件启发了心理学家对于"旁观者效应"的研究，间接引领了社会心理学一项全新领域的探索。

据统计，从 1964 年到 1984 年，大约出现了 1 000 种研究"旁观者效应"的文章和书籍。

（二）

得益于吉诺维斯事件，现代心理学对旁观者效应有了清晰的认识。

旁观者效应也叫责任分散效应，是指对某一件事来说，如果是单个个体完成，往往会责任感强烈，完成得也顺当；如果让一群人来完成，往往互

相推卸责任,巴不得别人多承担点责任,反而推诿之下任务完成得别别扭扭。

说白了,一件事情参与的人多了,看热闹的人也就多了。古人云,一个和尚挑水喝,两个和尚抬水喝,三个和尚没水喝。

生活里,这种"人多不一定力量大"的现象比比皆是。

比如,一个不会游泳的人掉到河里了,眼看就要淹死了。如果河边只有一个人,他感觉谁也指望不上,只能脱了衣服跳下去救人。如果河边有好些人,只怕大家会你瞪我,我瞪你,言下之意是"你赶紧跳啊,我就不用跳"了,到头来一群"见死不救"的人,眼睁睁看着落水的人在拼命扑腾。

再比如,一个人在路边摔倒了。路过的人往往会左顾右盼一番才会伸出援手:空荡荡的路上,如果就自己一个人,不出手扶一把也说不过去;如果正好有几个人在旁边,恐怕就会感觉"反正有人会扶,没必要急着出手"。

旁观者效应在生活里是如此普遍,以致让我们常常感叹世态炎凉,人性淡薄,甚至有点"事不关己,高高挂起"的味道。

这样的旁观者心态,实在让人无语。固然法律手段能解决这种事情,但是更多的旁观者心态单靠法律解决是远远不够的。

（三）

灾难面前,人类没有旁观者;覆巢之下,焉有完卵。然而,旁观者效应展现出的问题不限于此。

随着科技发展,网络世界大有取代现实交流的趋势,信息传播速度日新月异,一群称作键盘侠的人脱颖而出。

所谓键盘侠,指在网络平台上,用自己做不到甚至不会做的高标准或奇怪的标准评价别人的人。说白了就是站着说话不腰疼,不当家不知柴米贵。这些人脱离实际,高谈阔论,只要别人做的事情不符合键盘侠的知识世界和道德标准,他们就会谩骂和讽刺。

　　让人厌恶的是,键盘侠们特别容易出现在新闻热点的评论区里,在没有了解事情真相的时候,就发泄自己不满的情绪,用键盘指点江山,并用带侮辱性质的言论评价别人。很多键盘侠干脆来一句,"这个社会没救啦",似乎他或她是这社会仅存的一个得道高僧。

　　显然,网络世界的发达给旁观者效应带来了一种隐匿性的时代色彩,这些看不见又难以抓住的旁观者们又该如何置评呢?

　　据说今天的网络警察累得连咳带喘,甚至有的网络警察累到猝死。但是,网络警察再辛苦,法律手段永远是最后的防线。面对网络上的这些旁观者们,整个社会的确应该好好思量并做点什么事情了!

87

积极从众，避免消极"破窗"

（一）

从众心理是社会心理学的一个常见名词，说白了就是随大流的意思。对于从众心理的解释，美国心理学家詹姆斯·瑟伯描述过一个故事：

街上一个人突然跑了起来，他猛地想起了与情人的约会，已经迟到很久了。不一会儿，另一个人也跑起来，他是一个兴致勃勃的报童。没多久，一个有急事的胖子也跑起来。这下好了，十分钟之内这条大街上所有的人都跑起来了，嘈杂的声音逐渐清晰了，可以听清"大堤"这个词。"决堤了"，一声恐惧的声音传出来，没人知道是谁说的，也没人知道真正发生了什么事，但是2 000多人都突然奔跑起来。

这个故事深刻地揭示了从众心理的含义：个体在真实的和臆想的群体压力下，在认知上以多数人或权威人物为准则，进而在行为上努力趋向一致的现象。所谓人云亦云，随波逐流就是这个意思。

深究起来，木秀于林，风必摧之，压力是从众的一个决定因素。一个系统内，谁做出与众不同的判断或者行为，往往会被其他成员孤立甚至受到惩罚。

美国洛桑工厂的实验也能证明这一点：

工人们对自己每天的工作量都有一个标准，完成这些工作量后，就会明显松弛下来。这是为什么呢？原来，如果一个人干得太多就等于冒犯了众人，但是干得太少又有"磨洋工"的嫌

疑。所以,任何一个人干得太多或太少都会被提醒,谁冒犯了众人都可能被唾弃。为了避免遭摒弃,人们就不会去"冒天下之大不违",而只会采取"随大流"的做法。

其实,从众现象在生活里比比皆是。

红灯停,绿灯行,这就是从众心理在生活里的一个常见表现。

再如火车站买票,一个接一个排队,这也是生活里的一个从众现象。

一般来说,从众现象对于维护社会秩序是有好处的,没有一种集体秩序之下的从众压力,社会只怕会乱无章法。

应该说,疾病防治当前,从众心理起到了很大的积极作用。

比如,自从艾滋病病毒肆虐以来,人类意识到安全性行为是防护艾滋病病毒的最好方法。于是,全社会提倡安全性行为,民众渐渐地接受了这种观点,并积极从众,这对于艾滋病毒的防治具有不可估量的作用。

再如一些呼吸道传染性疾病,科学家大力呼吁出门戴口罩并尽量宅在家里,绝大部分民众也能尊重科学并积极从众,有力地促进了对于疫情

的控制。

从根本上来说，没有一种积极的社会从众现象，倘若"各自为政"，我行我素，对抗一些传染性疾病只怕是空中楼阁，成为一纸空文。

（二）

然而，从众心理还有另一种解读。

美国斯坦福大学心理学家菲利普·津巴多于 1969 年进行了一项实验：

> 他找来两辆一模一样的汽车，把其中一辆停在加州帕洛阿尔托的中产阶级社区，而另一辆停在相对杂乱的纽约布朗克斯区。停在布朗克斯的那辆，他把车牌摘掉，把顶棚打开，结果当天就被偷走了，而放在帕洛阿尔托的那辆一个星期也无人理睬。
>
> 后来，津巴多用锤子把那辆车的玻璃敲了个大洞，结果呢，仅仅过了几个小时车就不见了。

得益于这项实验，心理学有了"破窗效应"的说法：一种不良现象的存在会导致不良现象的无限扩散。

"环境早就脏了，我扔的这点垃圾算什么？"

"反正又不是我先乱涂乱画的，墙上已经有人涂画了。"

"他们在餐厅里喧哗，又不是我一个人喧哗。"

…………

生活里，破窗效应的踪迹随处可见，说白了，破窗效应就像一种干坏事的从众心理：只要有第一个"吃螃蟹"干坏事的人，后面自然就有人会效仿。

从众心理,真是成也萧何,败也萧何,好事也从众,坏事也不例外。

病毒来袭时,这种"破窗式"的从众现象也不少见。

大街上有几个戴着口罩的人行走。一个人觉得鼻子一痒,不由得扯下口罩,用劲吸了几口新鲜空气,其他几个人一见,也接二连三摘下口罩,远处行走的人看见也纷纷摘下口罩。

疫情期间,为加强个人防护和防止病毒传染,居民被要求宅在家中,没有通行证,不许出入小区。一个人发现小区院墙有一个缺口可以翻过去,于是偷偷翻出小区,之后又神不知鬼不觉地潜回小区,很快就有人如法炮制,缺口处没多久就人来人往、络绎不绝。

电梯里容易传染疾病,为了将防毒工作做好,一些电梯按键旁放有卫生抽纸,方便上下的人用卫生纸包着手指按键。有的人视若不见,伸出手指就按,于是也有人模仿学习,仿佛在说:你不用卫生纸,我干吗用?

不得不说,这种"破窗式"的从众心理对于病毒疫情防控是一个巨大的隐患。

"破窗式"的从众心理,在病毒疫情面前,更可怕的表现方式是流言蜚语的网络泛滥。

掩案沉思,有形的"破窗"能察觉,无形的"网络破窗"却是防不胜防。

网络真是一把双刃剑,它能带给人们很多生活便利,也能带来一些无孔不入的未经核实的信息。

如何应对这种"破窗式"的从众心理,也是心理学亟须思考的一道难题。

(三)

纵然法律层面再严厉,纵然道德层面再呼吁,一些消极的不无"破

窗"性质的从众现象依然层出不穷。

心理学上有种防微杜渐的说法,值得我们深思。堵住第一个"破窗",是防范消极从众效应的关键。

从源头着手,从第一个"破窗"着手,病毒防疫也就有了强有力的保障。防患于未然,未雨绸缪,及时识别并堵住第一个"破窗",成为病毒防疫的一项重要工作。

然而,心理学还需要进一步的思考:第一扇"破窗"为什么会产生呢?

生活里有种说法,不禁不为,愈禁愈为。心理学将之称为禁果效应,其心理实质在于好奇心和逆反心理。

禁果效应有一个形象的别名——亚当和夏娃效应。

亚当和夏娃因为偷吃了禁果而让世界颠倒,并受到上帝的惩罚,被逐出伊甸园。

可见,禁果效应往往与"破窗"现象相辅相成,禁果效应之下,愈禁愈为,反倒带来了第一扇"破窗"。

明白这个道理,我们不难感悟:病毒抗疫宣传中,"温和的南风"比"寒冷的北风"更具力量。

> 南风和北风打赌:谁能让人脱下厚厚的棉袄? 寒冷的北风拼命吹,结果人越发裹紧棉袄;温和的南风缓缓地吹,结果人越发暖和,情不自禁地脱下棉袄。

这种"温和的南风"现象,心理学称之为南风效应:温和的劝导,比粗暴的禁止更容易被人接受。这也是生活的一个常见现象。

一个顽皮的孩子,经常上课迟到。老师说:"你能做到不迟到的话,就奖励你一朵红花。"孩子听了就非常受用,不觉得老师的建议有何不当。

如果老师说:"绝对不许再迟到,否则把你家长都喊来。"这样的话只怕会让孩子心里无比恼火:扯上家长,想吓谁? 你不让迟到,我非要迟到!

与其选择"北风",为什么不选择"南风"呢?

93

跳出樊笼，别太野马

（一）

有这样一个寓言故事：

一只小鸟关在笼子里，一个人盯着笼子里的鸟感叹道：可怜啊，天天关在里面。

没想到小鸟扑哧一笑：你有什么资格取笑我，你不一样关在笼子里面吗？

这个人愣住了：我哪里关在笼子里？我很自由啊，你看我想去哪里就去哪里。

小鸟叹息一声：可悲的人啊，自己关在笼里，竟然不知道。

这个人更奇怪了：你倒是告诉我，关我的笼子在哪里？

小鸟冷冷地说：关我的笼子，我能看见；关你的笼子，可惜你却看不见。关你的笼子，名字就叫——社会！

真是一个富有哲理的寓言故事，明明有一件无形的大笼子，我们却看不见。

我们无数人关在社会这个"鸟笼"里而不自知，只是，社会这个"鸟笼"是怎样困住我们的呢？

1907 年，著名的心理学家詹姆斯从哈佛大学退休，同时退休的还有他的好友物理学家卡尔森。

一天两人闲聊，开玩笑打赌。詹姆斯说："我一定会让你不久就养上一只鸟的。"卡尔森不以为然："我不信，我从来就没想

94

过要养鸟。"

没过几天,恰逢卡尔森生日。詹姆斯送上的礼物,是一只精致的鸟笼。卡尔森笑了:"我只当它是一件漂亮的工艺品,你就别费劲了。"

从此以后,只要客人来访,看见书房书桌旁那只空荡荡的鸟笼,他们几乎都会例行问一句:"教授养的鸟什么时候死了?"

卡尔森只好一遍遍向客人解释:"我从来没有养过鸟。"

然而,这种回答每每换来的是客人困惑而有些不信任的目光。

尴尬和无奈之下,卡尔森教授只好买了一只鸟。

95

这就是心理上著名的"鸟笼效应",最直接最直白的解释是:偶然获得一件物品后,人们就会继续添加更多与物品相关联的东西。

显然,"鸟笼效应"隐藏的含义绝不只字面解读那么简单。

说起来,处于社会中的我们,时时会有一双无形的大手在左右我们。詹姆斯只是做了一个小小的测试而已。

左右我们的这双无形的大手,就像如来佛祖的那只大巴掌,纵然孙猴

子有再大的能耐也飞不出其手掌心。

这双无形的大手，可能是人言，可能是欲望，可能是恐惧……种种让我们逃不出的心理沟壑，都会将我们困在一只看不见的"鸟笼"里。

回顾詹姆斯与卡尔森的这场赌局，卡尔森不就是架不住人言可畏，万般无奈才买了一只鸟吗？

其实生活里除了人言，还有欲望。

一位女士送给闺密一只漂亮的发卡，发卡戴在头上煞是好看。闺密带着发夹去上班，有同事见了说："发卡真好看，如果配上一件靓丽的毛衣就更好了。"闺密一听，顿时觉得发卡戴在头上有些难受，当天下班就去商场买了一件靓丽的毛衣。

第二天，闺密戴着漂亮发卡，穿着靓丽的毛衣，雄赳赳气昂昂地去上班，又有同事说："呦，这身打扮真好看，如果再配高跟的长筒皮靴就更漂亮了。"

闺密又觉得心里压了一块石头，下班之后慌不迭地去买了长筒高跟鞋。

第三天，闺密"全副武装"地上路了，来到单位门口，被看门的阿姨盯了半天："哎呀！真是靓女啊，就是发卡有些不搭！"

闺密当场差点晕倒，围绕发卡配一身行头，到头来不搭的竟然是发卡，这岂不是一场现代乌龙剧吗？

"鸟笼效应"之下，我们的一些行为似乎不受自己控制了，仿佛冥冥之中有一股看不见的力量在操纵我们。这可真是让人啼笑皆非！

冷静思索，这双上帝之手其实隐藏于我们的内心。

那些隐藏在内心的或欲望或恐慌的心魔，就是"鸟笼效应"的实质。

原来,我们在不经意间将自己送进了一个看不见的樊笼!

掩案沉思,面对病毒来袭,这双上帝之手又会如何挥舞呢?

(二)

事实上,不防御固然不妥,但是过度防御也是一种自我伤害。

病毒带来的故事就像病毒一样,常常让人捉摸不透。理解了恐慌,我们也就理解了这种离奇的表现。

然而,病毒带来的不只是恐慌,还有绝望。

艾滋病病毒是人类的一个噩梦。一位从事疫病防控工作的医务工作者,对于每一次的病毒疫情都了如指掌。对于艾滋病病毒的到来,他可谓是先知先觉。

显然,对于艾滋病防控,他比一般人更了解得透彻。

科学是有价值的,只是有意无意间与生活有冲突,如果没有真正彻底地认识科学。

艾滋病主要通过性传播,但是避孕套不能保证性接触的百分之百安全,扛着这两大科学旗帜,这位医务工作者铭记在心。为了以防万一,他采取了最安全的防护手段——杜绝性行为。

他再也不和妻子有任何性接触。从科学上来讲,这的确是最透彻的防范行为,只是,是不是有一个女人无辜地受到了伤害呢?

生活就是这么奇妙:你逃脱了一个樊笼,又进入另一个樊笼!或者说,鸟笼效应不经意地将无辜的人带进自己都不知名的"鸟笼"!

病毒真是一个随心所欲的"顽童",它在警告人类的同时,也不忘在

97

心理层面调戏人类一把！

（三）

"鸟笼效应"其实是人类困扰自己的一个樊笼，既困住了自己，也无意间困住了身边人。所谓作茧自缚，难道不是这个道理吗？

动物杂技团里有一只小象，生下来就懵懵懂懂地看着这个陌生的世界。驯象师拿来一根细绳，将它绑在石柱上。小象想出去欢跑，却被绊住了，它试了试，挣不开，就放弃了努力。随着年龄增大，小象一次一次尝试，始终没成功。终于，它接受了这个被缚的命运。小象长成了大象，再也不尝试挣脱了，虽然它已经可以轻易挣脱缰绳。

人类是不是这样呢？面对病毒等疾病来袭，太多的恐慌，太多的定势思维，终让人类将自己关在了看不见的樊笼中。

这个世界其实不需要太多感悟，只需要一点点捅破窗子的勇气。

北宋紫阳真人张伯端说：我命由我不由天。病毒来袭，仅仅只是对人类的一个挑战而已。是向命运低头屈服，甘当命运的仆从；还是像贝多芬一样，在生命的交响乐中挺住腰杆，直面人生，扼住命运的咽喉，这显得尤为重要和紧迫。

病毒和疾病永远击不倒人类，击倒人类的只能是自我樊笼。

哈佛医学院的研究者们打破常规思路，进行了一项研究，并取得重大突破。

对大肠杆菌的基因组做出超过 62 000 处修复后，研究者们再造了一种全新的生命形态。这种"超级微生物"迥异于自然

界里的生命,可以抵抗所有已知的病毒!而且这种超级微生物仅仅是开始,研究者们希望,最终用同样的方法重组整个人类基因,打造可以抵御一切病原体的"超人"。

没有必要对病毒来袭持有太悲观的态度。充其量,抵抗病毒的战争,只是"黎明前的黑暗",何必作茧自缚,自找樊笼呢?

拥抱生活,我们需要一点点耐心。击溃我们的,常常不是困难本身,而是面对困难的心态和举动!

心理学反复强调,压力只是一种自我体验,其实与外在事件没有太多关联。比如半杯水放在眼前。乐观的人会说:真是不错,还有半杯水;悲观的人会说:真是不妙,只剩半杯了。

所以,我们的心态首先要镇定,不能轻易中了鸟笼效应的招!在镇定的基础上换条思路,自然能海阔天空。

(四)

心态是如此重要,既不能太过自缚,也不宜信马由缰。

在非洲大草原上,有一种吸血蝙蝠,常常叮在野马的腿上吸血,不管野马怎么暴怒,狂奔,吸血蝙蝠始终不依不饶,一定要吸饱再走。野马拿这些"吸血鬼"一点办法都没有,歇斯底里,最后被活活折磨死。

在心理学上,这条著名的法则叫"野马定律"。

很多人认为,因为吸血蝙蝠把野马的血吸光了,导致了野马的死亡。实际上动物学家研究发现:这些吸血蝙蝠所吸的血量非常少,对野马来说不足以致命。换句话说,吸血蝙蝠只是野马

死亡的诱因，而野马对于这一诱因的反应才是造成死亡的直接原因。

野马定律的研究，揭示了生活的一个重要原理：压垮人的，往往不是眼前那点看得见的困境，而是心里那腔无可名状的怒火。

冲动是魔鬼，愤怒是囚笼。只是病毒的不期而至，也会带来野马定律吗？

一些人因为病毒来袭而"狂吠终日"，一些人因为病毒疫情而"顿足捶胸"，一些人因为人情冷暖而"哭天喊地"，给人的感觉是病毒反倒成了配角，主角是情绪火药桶的肆意"爆炸"。

这究竟是为什么呢？我们不妨透过现象看本质。对于很多人来说，生活本就艰辛而压抑，病毒来袭不过是骆驼背上的最后一根稻草罢了。

对于这些人来说，这其实不是鸟笼效应，而是鸟笼上最后一扇窗被关上了。

常言道：上帝关上一扇门，会开一扇窗。病毒疫情可能会给一些人带来另一句话：上帝关上一扇门，顺便连窗户也关上了。

我们不应该单单盯着病毒疫情的社会效应，我们还应该拨开层层迷雾，回顾一下平日生活的境况。

平素里生活得惬意，生活就像一片大海；长时间生活得窘迫，生活就像一潭泥水。

一块小石头，掉进大海里，会悄无声息，一点浪花都没有。一块小石头掉进一碗水里，不但会引起"大波大浪"，甚至碗都会被砸碎。

可见,一些看起来不无"野马"的激烈情绪,其实与病毒来袭没有太多关联,核心在于平素生活的重负和窘迫。

生活应该像辽阔的大海,人心应该像广阔的草原。如此,生活才能抵抗得住风风雨雨,人心才能经受得住起起伏伏。

诗人汪国真说:如果我的生活是一首诗,我宁肯不写诗。

我们也不妨大声呼唤:如果能将生活打造成一片汪洋大海,我们宁愿不看海。

纵然病毒来袭,面临海一般的生活,它又能掀起多大风浪呢?

世界还是那个世界,宇宙还是那个宇宙,病毒还是那个病毒,人类还是那个人类。除了关注疫情,我们应该更关注一贯以来的民生百态。

习得无助,积极自救

(一)

1973 年 8 月 23 日,瑞典首都斯德哥尔摩市发生了一起抢劫案:

两个有前科的罪犯在当地一家最大的银行抢劫失败后,挟持了四位银行职员,在警方与歹徒僵持了 130 个小时之后,因歹徒放弃而结束。

让人意想不到的是,这起事件发生后几个月,这四名遭受劫持的银行职员,竟然对绑架他们的人显露出怜悯的情感,她们拒绝在法院指控这些绑匪。甚至还为他们筹措法律辩护的资金,她们都表明并不痛恨歹徒,并表达对歹徒非但没有伤害她们,却对她们照顾的感激,还对警察采取敌对态度。

令人匪夷所思的是,人质中一名女职员竟然爱上了其中一名劫匪,并与他在服刑期间订婚。

这件事轰动全社会,也激起了社会心理学专家的高度关注。他们想要了解:掳人者与遭劫持者之间这种特殊的情感,到底意味着什么?

研究之下,社会心理学专家大吃一惊,这种情感竟然是一种普遍的心理反应,称之为"斯德哥尔摩症候群"。

专家深入研究发现:人性能承受的恐惧有一条脆弱的底线。比如当人遇上一个凶狂的杀手,杀手不讲理,随时要他的命。人质就会把生命权

渐渐地托付给凶徒。时间久了,吃一口饭、喝一口水都会觉得是恐怖分子对他的宽容和慈悲。对于绑架自己的歹徒,恐惧慢慢会转化为感激,然后变成一种崇拜,最后人质也下意识地以为凶徒的安全就是自己的安全。

这种屈服于暴虐的弱点,在纳粹集中营的囚犯中也能见到,原来人也是可以被"驯养"的。

这样的发现,真是让人如鲠在喉。事实上,斯德哥尔摩症候群在现实生活里也能见到。

一个女人被丈夫长期家暴,旁人看不下去了,劝她离开这个男人。但是,这个女人不一定能做到。当别人来调查,当别人指责丈夫时,她可能会挺身而出为他辩护。

这样的故事见得多了,很多人就会对这样的女人"恨铁不成钢"。但是,它就是真实存在的事实!

当然,斯德哥尔摩症候群也有变形表现。

一个小女孩从小被父亲没头没脑地打,时间长了,她就没感觉了。长大后,她有了丈夫,常规夫妻生活很难让她获得性满足,她就会寻求丈夫对她实施性暴力,从而获得快感。

这样的故事不但让人感觉"恨铁不成钢",还有点"作践"自己的感觉。

值得一提的是,斯德哥尔摩症候群虽然久负"盛名",但是案例不多。

在一份 2007 年的 FBI 执法公告中,95%的绑架案受害者没有任何斯德哥尔摩症状,只有 5%的人或轻或重出现了类似症状。

所以,斯德哥尔摩症候群更多的是一种警示信号,它提醒我们人性中有一种奇妙的规律值得探索。

103

（二）

心理学上有一条"习得性无助定律"，它是美国心理学家塞利格曼提出的。

1967 年，塞利格曼利用狗做了一项经典实验：

起初他把狗关在笼子里，只要蜂音器一响，就给狗难受的电击。狗关在笼里逃避不了电击。多次实验后，蜂鸣器一响，再给电击前先把笼门打开。此时狗不但不逃，而是不等电压出现就倒在地上，开始呻吟和颤抖。事实上它完全可以从笼门逃出，而不是绝望地等待痛苦的来临。

有鉴于此，塞利格曼给"习得性无助定律"标注一个概念：因反复失败或惩罚而造成的听任摆布的行为，或者说通过学习形成的一种对现实的无望和无可奈何的行为和心理状态。

原来，习得性无助才是人性中最普遍的特点，斯德哥尔摩症候群只是其中一个极端表现。

生活中，如果一个人总是在一项工作中失败，他就会在这项工作中放弃努力，甚至还会因此对自身产生怀疑，觉得自己"这也不行，那也不行"，无可救药。

这种心理会让人自设樊笼，把失败的原因归结于自身不可改变的因素，放弃继续努力的勇气和信心，破罐子破摔，得过且过。长此以往，人就会消极面对生活，没有意志力去战胜困难，而且相当依赖别人的意见和帮助。

在造成习得性无助的诸多成因中，最显而易见且可预测的是大环境

的改变,如战争、饥荒、旱涝灾害等。这些都会造成一个人的习得无助感。有鉴于此,病毒疫情显然是一个常见诱因。

然而,人之所以为人,在习得性无助感觉上不会与动物雷同,而是表现得与动物有所差别。

与动物需要身体体验的不同之处在于,人类可以通过模仿性的学习,观察和了解其他人经受不可控事件的过程与结果而习得无助。也就是说,只要看到无助在其他人身上产生的效应就足够了,这就是心理学提到的感同身受的"替代性无助"。

病毒疫情之下,互联网的发达使得疫情的负面效应比以往传播得更快,覆盖面更广,发酵得更为深刻、彻底。人们轻易就能了解到疫情带来的负面新闻,何况还有众多煽风点火或生搬硬套的夸大及虚假信息。人们不需要在现实中反复经历这些事件,就能够产生不可控的预期,导致一定程度无助的结果,这使得"替代性无助"演变成"群体性无助",而且影响深远。

更为要命的是,抱团不一定能解决问题,反而可能在无助的群体中相互强化,越陷越深。

可以想见的现实是:病房里躺着几个被病毒感染的病人,如果其中一个病人经全力救治仍无力回天,其他几个病人不免有"兔死狐悲"的无助感。

再如同一个车间里的十几个工人,采取的防范措施都雷同,甚至连生活节奏也类似。如果接连出现两三个疑似感染的病例,其他人难免有听天由命的无助感。

所以,从习得性无助到替代性无助,从替代性无助到群体性无助,这

是疫情来临时迫切需要考虑的又一道心理学课题。

（三）

2002 年底至 2003 年初的"非典"疫情让人记忆犹新。

"非典"期间，北京朝阳医院一项关于确诊、疑似病人的心理调查显示，有半数以上的患者存在抑郁、焦虑的情绪，甚至有患者出现自杀倾向。

香港黄大仙医院 101 位康复者在 5 周后的检查中发现，大约 1/3 的人有中度到重度的抑郁和焦虑；广州医学院附属第一医院在 3 ~ 6 个月后对 45 例康复者进行心理调查，发现康复者仍然存在心理问题；北京海淀区对 286 名康复者出院后的心理状况调查显示，有 10% ~ 20% 的人还有比较严重的精神障碍疾病。

这些数据都揭示，即便疫情得到成功控制，心理障碍的恢复仍将是任重道远的事情。这些数据也告诉我们，"大难不死，必有后福"有时候是一种黑色幽默。

有感于不良情绪的次生灾害，心理学上为此拿出一个专业诊断——创伤后应激障碍。

创伤后应激障碍指在病毒疫情发生后数月甚至数年时间，一些人还会残留精神障碍，少数人甚至持续一辈子。

"黑夜给了我黑色的眼睛，我却用它寻找光明。"顾城的这句诗，既可以形象再现病毒疫情之下那些习得性无助的心情，也可以预见疫情结束之后习得性无助的精神障碍的长期残余。

（四）

罗曼·罗兰说,世界上只有一种英雄主义,那就是在看透生活的真相之后依然热爱生活。

人类当前的科技与文化发展水平,无法超越于大自然的规则之上,无助发生的概率虽然会随着社会的发展和科学的进步而降低,但无法彻底避免。

疫情之下,纵然无法彻底摆脱习得性无助的阴影,我们还是应该积极寻找一条自救之路。

孔子曰:君子求诸己,小人求诸人。

《周易》云:天行健,君子以自强不息。

中央电视台《动物世界》栏目有这样一个情节:

干旱的大草原上,一只大象离开了象群,向远方走去。它步履蹒跚,歪歪斜斜,显然身体有疾,但是它步伐坚定,盯着一个方向一直走下去。

它到底是去哪里呢? 为什么会脱离象群? 一望无际的大草原,又能去哪里?

烈日之下,大象丝毫没有停下脚步的意思,好几次都感觉大象脚步踉跄,差点摔倒,但是它很快努力站好,重新启程。一米又一米,一公里又一公里,大象不停走下去。

大象头也不回走了 30 千米,终于它来到一片小树林。

大象欢快地甩了一个响鼻。原来这里有一种树,树叶可以治疗大象的疾病。

107

这时,观众们全明白了,大象"不远万里"来到这里,是为了寻求自救。

大象一口接一口地吃着树叶,没多久,大象精神抖擞地离开了小树林,步伐轻松地顺着原路返回,第二天终于赶上了象群。

大象的这种精神,感动了电视机前无数人。自救者,人恒救之。

疫情当前,这种自救精神着实值得每个人学习。与其怨天尤人,与其习得无助,不如积极自救,让命运之神也向自己臣服!

三毛曾经说:心之何如,有似万丈迷津,遥亘千里,其中并无舟子可以渡人,除了自渡,他人爱莫能助。

渡人者自渡,自渡者渡人,我们都是那个摆渡人,又是那个被渡人。疫情来临的时候,这份心态真是"天籁之音",弥足珍贵。

抛弃一切可能的无助感,让生命之火在自救之中尽情绽放!

第四章 纸上得来终觉浅

现在,天气越来越让人捉摸不定。这可真是苦了气象局的工作人员,每时每刻都在校正天气预报。

以前收音机年代,人们非常依赖天气预报,特别是耕作的农民,每天一早就会收听广播或收音机里的天气预报,然后决定当天的农耕安排。不得不说,那时的气象技术远不如今天,但是天气预报比今天准确得多。

说起来,这不能怪气象人员或气象技术:时下的气候就像人类一样,有点神经质的味道。

气候一旦不稳定,人类就有些遭殃,本来就神经质的人变得更加神经质。

然而,气象专家们心里明白,气候之所以越来越不稳定,其实还是人类对自然破坏的结果,把好好的自然界弄得乌烟瘴气。大自然必然会生气,回过头来乱发脾气,让气象技术摸不着北。

大自然没有错,人类是在自讨苦吃。

人类也不想自讨苦吃,人类也很无奈,因为神经质的人越来越多,清醒的人越来越少。

缺乏知识的年代,人类一般都是很纯洁的,因为没有知识的污染,人类就和山泉一样洁净。

　　知识的出现，本来是件好事，比如治病救人的知识，的确大大帮助了人类。然而，一些变质的营销文化的兴起，让知识慢慢变了味。一次恋爱没谈过的人在大谈特谈婚姻秘籍，一次生意没做过的人在胡侃神聊商场成功之道，一次格斗实战经验都没有的人在当武林大师。这样的事情一旦多了，很多知识就成了毒药。

　　把别人的钱装进自己的口袋，将自己的思想塞进别人的脑袋。据说，这是今天社会的一种主流营销方式。

　　商品营销属于低级营销，最高级的营销是知识营销。

　　好看的皮囊千篇一律，有趣的灵魂万里挑一。混淆视听的知识五花八门，有用的生活常识亘古不变。

　　生活是最无辜的，生活的本质就是柴米油盐酱醋茶。现代人非要用知识的名义来包装生活，这是对生活的一种亵渎。究其实，再好的厨师做出来的菜，都不如母亲做的菜好吃。

　　肚子饿了，啥菜都好吃；肚子不饿，山珍海味也是白搭。但是，无论肚子饿还是不饿，母亲做的菜总是让人回味无穷：吃的不是味道，而是感情。

　　可惜，今天的无数知识只有所谓的深度，而没有生活的温度。

　　片面谈知识，而忘了生活。这是当今社会的一个顽疾。

　　生活是最好的老师，知识仅仅只是生活的一个缩影。

　　上得了厅堂，更要下得了厨房，这样的知识才是真正的知识。

　　博士论文不一定是知识，老百姓一听就懂的东西肯定是知识。

　　与其坐而论道，不如躬身入局；与其让知识绑架自己，还不如放弃知识而回归生活。

一个王朝的背影

(一)

从来没有这样一大家人能够坐在一起无所事事地悠闲吃饭,虽然菜肴并不丰盛。

出不了门,也不让出门,更没有访客,房前门后几乎听不到一点人声。

七十六岁的爷爷,失神地看着桌对面六岁的孙女。孙女正在"埋头苦干":一筷接着一筷吃着面前的一盘大白菜。

孙女吃得开心,爷爷也看得专注。直到我们提醒,孙女才想起来爷爷也喜欢大白菜。

孙女将剩下一片菜叶的盘子推过去:"我吃饱了,爷爷吃"。

爷爷缓过神来,将菜汁连同那片菜叶倒进饭碗里,拌了拌,一会儿就狼吞虎咽地吃得干干净净。

吃完后,爷爷抹了抹嘴,不好意思地冲着孙女笑了笑。孙女则欢蹦乱跳地下了桌子,找东西玩去了。

吃完饭,收盘子的收盘子,洗碗的洗碗,整理桌椅的整理桌椅,俨然一个大宅门的阵势。

不一会儿,东西收拾妥当。爷爷搬了张躺椅,在门口迎着太阳落下,眯着眼就睡着了,脸上挂着幸福的微笑。

(二)

睡到半夜,微信突然响起一阵语音通话提示声。

我挣扎着拿起手机凑到耳边,迷迷糊糊中听了好几句,才听出来

111

是谁。

一个近十年未曾谋面的老朋友, 竟然在深夜一点通过微信打来了语音电话!

简单寒暄后, 老朋友一声感叹接着一声感叹:

"这么多年了, 今晚格外想你啊!"

"那时候, 我们的感情真是好啊。这么多年, 疏忽了, 疏忽了, 见谅啊!"

"你现在还好吗? 头发白了吗? 家里情况怎样?"

…………

一个微信电话, 竟然在不知不觉间持续了一个多小时, 直至手机没电。

一夜无眠, 泪流满面!

我们真是走得太快太快了, 根本来不及回忆这些曾经的情感。

今夜, 何不在记忆的长河里肆意流淌呢!

(三)

屋后的墙角, 零零散散地挂着几片枯萎的苔藓。

房前的菜地, 竟然开了几朵不知名的小花。

不是不愿回忆, 而是不敢回忆。

院子还是这个院子, 不见了曾经的石凳、杵臼、古树, 也不见了母亲的呼唤和父亲的训斥。

广场还是这个广场, 不见了小伙伴们斗鸡或弹玻璃珠的身影, 也不见了天黑拖家带口搬着条凳去广场看露天电影的场景。

物是人非！欲语泪先流！

难得有这么安静的时光,让我们想起那些曾经的温暖和让人眷恋的情感。

时光去哪儿了？我们的情感又去了哪里？

当我们一路奔跑的时候,是不是遗落了一些不该遗忘的背影呢？

多情网络无情剑

(一)

网络世界就像一个集贸市场,碰上点新鲜事,总能沸沸扬扬,好不热闹。

譬如每年的母亲节,网络上都是这么热闹:母亲去世的在感恩,母亲活着的也在感恩,就连母亲坐在身边沙发上的也在网络上大肆渲染感恩之情。

真正问起一些人,竟然连自己母亲的生日都不知道,甚至在现实世界里对母亲动则恶言恶语,真不知道在感什么恩?

一面在灯红酒绿间挥霍,一面在网络世界上炫出这种不值一文钱的感恩,这究竟是作秀还是无耻?

随着这次新冠肺炎疫情的大爆发,网络世界里再次出现了这种令人作呕的网络大表演。

(二)

世界本来是和谐的,也是平静的。就像这次的新型冠状病毒,如果不是人类先打扰了它们,它们也不会反咬人类一口,事情其实就是这么简单。

我们首先需要做的是冷静思考,正视脚下的土地,并尽可能亡羊补牢,而不是在网络世界里肆意发表那种道貌岸然式的高谈阔论。

一些所谓的学者大咖,忙着挥洒所谓的"人类真知",颇有耶稣再世之感。

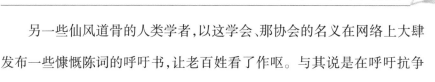

　　另一些仙风道骨的人类学者,以这学会、那协会的名义在网络上大肆发布一些慷慨陈词的呼吁书,让老百姓看了作呕。与其说是在呼吁抗争病毒,还不如说是在蹭病毒的热度来装点门面。

　　如果是真正为了抗争病毒,这些行业"掌门人"还不如来点实际的行动! 哪怕捐赠一毛钱,或是说几句人话,也让百姓们在烦闷之时不至于太添堵。

　　更有甚者,一些人忙着引用这院士、那大师的语录,在网络上"泪流成河",叹念苍生之悲情实在让人"动容"。

　　记得杨绛先生去世后,也有一些人在网络上如丧考妣,事实上杨绛先生的为人素养和学术理论很多人一概不知,网络上的很多眼泪让我们联想到"冬季到台北看雨"。

115

　　时下,一些人的"网络眼泪"何尝不是如此! 有时间在网络上流泪,何不在现实生活里付出点实际的爱心? 国事之痛,岂是一般人能理解! 蹭国事的热度来表达空洞的爱,实际是在掩饰自己的无知和无情!

（三）

　　世界还是那个世界,病毒还是那个病毒,病毒也在叹息:我本无辜,为何不能和谐共处?

　　医生护士们都累瘫在病房里,连说话的力气都快没有了。难得有打开手机的机会,也只是给家人报一个平安。

　　警察们在忙着配合社会大隔离,没有口罩也得执行任务。冰冷的寒风吹得警察们一把鼻涕一把泪,也不知道哪个病毒会眷顾自己。

　　忙于运送物资的志愿者们喘着粗气,拖着沉重的脚步奔走大街小巷,

他们实在没有时间来感谢网络上那些歌颂他们的闲人。

…………

所谓的英雄，其实就是这些默默无闻、脚踏实地干着平凡事情的人们。英雄不需要歌颂，他们只需要静静休息一会儿。

网络上的那些精力充沛的人们，为什么不能给这些真正的英雄一片安静的时光呢。

天若有情天亦老，人间正道是沧桑！

有一种沧桑,叫人情冷暖

(一)

过去的年代里,杀年猪需要一群人:抬头的抬头,扯脚的扯脚,拽尾巴的拽尾巴……猪叫得欢实,人也笑得快活。在那个年代,杀年猪不像是屠宰,更像是一场以猪为主角,以人为配角的隆重仪式:猪,舍生取义;人,满怀感恩之心。

现如今,杀猪基本都现代化操作了,再也不用一堆人闹腾了:所谓人道方式的杀猪,冷冰冰的机器让猪死得莫名其妙,人也吃得心安理得。

多了些现代化技术,少了些传统的人情味。这似乎已经成了生活的一个常态。

(二)

医生在古时叫郎中,比如李时珍。

李郎中成天奔走于田野乡间,碰到求医的百姓就停下来望闻问切,解决好了喝杯茶,继续上路。一路走来,李郎中治好了一个又一个的病人,也练就了一身强健的体魄。

那个年代的医学,处处是诊疗场所,处处是一线战场,真正是天人合一,送医上门。

现在的医生基本都坐在称为诊室的房间里——医生也想出门,但是现代化的医疗操作规范不允许。

医生闷在诊室里,一天病人看下来,腰酸背痛。病人更是伤心,楼上楼下,汗流浃背。身板如果不够结实,诊室的门都难找到。

117

多了些现代化的操作规范,反倒增添了一些不必要的烦忧。

(三)

曾经很多人说这次病毒的一线战场在武汉,在湖北,这场战役是医护人员的"上甘岭"战役,这种说法是不确切的。

每一个田间地头,每一处大街小巷,都是一线战场;每一个医护人员,每一个非医护人员,都是一线战士。覆巢之下,焉有完卵。

用现代化医疗技术对付一种病毒,想来不会太为难。但是,现代化医疗技术绝难唤醒五千年文明里的人情冷暖。

我们要尊重现代医疗技术,我们也不能忘了那些曾经的人间温暖。

(四)

一个心脏病老头,每天按时吃药。家人大诧:"以前也没见你这么认真吃药啊?"老头说:"这个时候,不能给医生添乱!"

这是一个伟大的老头,也是一个大写的对抗病毒的斗士!做好自己,比胡言乱语更重要!

一个年轻气盛的青年,成天卧床玩手机,在微信群里大呼拯救国难,终致低热胸闷。送到医院,医生折腾几天后一声长叹:运动过少,与病毒无关!

生活百态,冷暖自知;人生真谛,道如蝼蚁。

从生活中来,回到生活中去,这才是真正的生活。

心理学的"精神胜利法"

（一）

疫情期间,很多文章一经网络推出,便在朋友圈广为传播,反响强烈。比如一篇《疫情后,最火爆的十大行业》,文中列举了一些行业如医务工作者、心理工作者。

但是我们可以肯定,医务工作者基本没时间拜读如此惊天地泣鬼神的文章,他们都在忙着与病毒抗争,偶尔还得与各种没有被病毒感染的"病人"周旋,他们考虑得最多的是在抗击疫情的同时,幸运地保住性命。

即便有一点时间,医务工作者也横七竖八地倒在各个地方,连掏出手机的力气都没有了,更别谈"朝夕闻道"了。

这样的文章很容易让我们联想到这样的场景:一群勇士在前方浴血奋战,一群道骨仙风的人躲在坚固的地下堡垒,喝着咖啡,对前方的战况品头论足,间或露出指点江山的表情做深沉状,未雨绸缪地撰写《战争启示录》。

当然,这样的文章也容易让我们联想到几年前的一则新闻:某年,禽流感大肆爆发,成群成群的鸡被无情处理,养鸡的农民们欲哭无泪。同样,一篇《疫情后最火爆的十大行业》风靡网络。其中,兽医赫然在列。

两相对比,怎么让人有点人兽不分之感呢?

（二）

这世上根本没有什么"最火爆的行业",有的是亘古不变的三百六十行。如果实在要追问哪个行业最重要,那就是人性学。

119

一言以蔽之，与人直接打交道的行业岂能与只需考虑进账出账的行业相提并论。

有的行业追求无私奉献，追求救死扶伤；有的行业追求最大收益，追求最大利润。这本身是各有各的道，不宜厚此薄彼，但也不宜相提并论。

父母说："我给你全部的爱。"子女说："你的爱能值多少钱？"请问，这还有人性吗？

让人不可理喻的是，这篇文章一经面世，无数心理学人欢呼雀跃，纷纷转发，互相道喜，大声感叹"心理学的春天终于要来了"！

这可真是让人欲哭无泪，怎么让人联想到殡葬行业呢？

建立在人类痛苦基础上的工作，应该是悲悯的共情和苦行僧一般的自律。

如果由于人类的痛苦带来了某一行业的"春天"，只能说这个行业要么是迫于无奈，要么是没人性。

欢呼鼓舞的心理学人，面对这场疫情，这难道是"冷幽默式"的"精神胜利法"吗？

120

从弗洛伊德到活佛济公

（一）

弗洛伊德是谁？这个问题，弗洛伊德自己也回答不出来，反倒是一些不懂弗洛伊德的人精神错乱地胡乱回答。

不妨来看看电视剧《射雕英雄传》的最后一幕：

> 华山论剑中，东邪黄药师和北丐洪七公联手都不是西毒欧阳锋的对手，欧阳锋俨然成了天下武功最高的人。
>
> 就在欧阳锋自我陶醉的时候，精怪丫头黄蓉突然说了一句："你不要高兴得太早，有一个人武功比你高。"欧阳锋大诧："是谁？"黄蓉嬉皮笑脸地说："他的名字叫欧阳锋！"欧阳锋闻之，竟全身战栗："欧阳锋是谁？欧阳锋是谁？我又是谁？我又是谁？"
>
> 连续自问了几句，欧阳锋竟精神错乱，哀号而去。

我是谁？我到底是谁？同欧阳锋一样，弗洛伊德一辈子也没搞明白这个问题。当他被当作神一样的心理学大师存在的时候，他反倒只能陷在各种本能的自我幻觉里痛苦哀号，并谓之为自由联想。

弗洛伊德是伟大的，在那个年代，他开辟了一条独特的心理学研究之路；弗洛伊德也是悲剧性质的，他的很多理论在今天的脑科学和量子理论下是很难站住脚的。

所以，我们尊重弗洛伊德，我们更要理解弗洛伊德的痛苦。在这点上，他的女儿安娜·弗洛伊德最有发言权——她终其一生都在尝试理解

121

弗洛伊德并努力修正弗洛伊德的不当观点。

当一个人被当作神一样存在的时候,他自己是痛苦的,信奉他的人是迷茫的。

弗洛伊德其实不是一个人,他只是一个代号,一个被我们神化的人物代号。

（二）

九华山是名山,与佛教有不解的渊源,是地藏王菩萨的道场。

地狱不空,誓不成佛。地藏王说出这句话的时候,我们觉得他不是菩萨,而是一个真实的人,因为他知道自己是谁,更知道自己要干什么。

地藏王没想过自己成佛,反倒是我们觉得他就是佛。当一个神活成人的样子时,这才是真正的顶天立地的菩萨。

在地藏王的精神指引下,一代一代的僧侣来到九华山修行,少量的修成了肉身菩萨。其中就有明净大师。

相传,明净大师生前只是一个普通的凡人,自学佛律,自我修行。一天,他来到九华山,见众人都在拜佛,笑道:"我就是菩萨,拜他们还不如拜我!"众人大怒,觉得这是一个疯子,恨不得将他打出山门。

明净也不恼,在九华山边上找个民宅修行,尽自己微薄之力积善积德,乐善好施。圆寂前,他对自己几个徒弟说:"将我放在缸内,三年后开缸,我定成肉身菩萨。"

三年后,徒弟们开缸,果然肉身不腐。只可惜,明净出缸时地处偏僻,孤孤单单,关切者少,多年后才镀上金身,搬入正殿。

明净是真实的人,也是真实的神,他是神与人的组合。

民间那么多没上山修行的人,如果临死前坐缸,估计有的人也能三年后肉身不腐。

很多神都活在民间,山上的往往只是一个代号。

(三)

"鞋儿破,帽儿破,身上的袈裟破",活佛济公活脱脱一副邋遢的样子。

据坊间传说,济公原是降龙罗汉,是如来佛祖身边的红人。但是,他不愿为神,于是变为凡人,奔走民间,救苦救难,以人的姿态普度众生,而不是在天上坐而论道。

究其实,济公是真实的人,他原名李修缘,是南宋高僧。

他破帽破扇破鞋垢衲衣,貌似疯癫,初在国清寺出家,后到杭州灵隐寺居住,随后住净慈寺,不受戒律拘束,嗜好酒肉,举止似痴若狂,却是一位学问渊博、行善积德的得道高僧,被列为禅宗第五十祖。

而且,济公懂中医医术,为百姓治愈了不少疑难杂症。他好打抱不平,息人之诤,救人之命。

他的扶危济困、除暴安良、彰善瘅恶等美德,在人们的心目中留下了独特而美好的印象,成为历代供奉祭祀的神灵,其成佛后的尊号长达28个字:"大慈大悲大仁大慧紫金罗汉阿那尊者神功广济先师三元赞化天尊",集佛道儒于一身,堪称神化之极致。

本来就是一个人,老百姓偏要说他是神,而且是变成人的神,这说明老百姓喜欢人一样的神。

真正的神,其实就是人。

123

只可惜，很多所谓的专家大师，人都没当好，就想当神。特别是很多心理学人，装神弄鬼，其实不过是没有修炼成型的人胚！

想当人，唯有抓住脚下的土地，彻底弄懂柴米油盐酱醋茶的生活。如此，即便成不了神，也不至于丢了人的模样！

124

才华横溢，逆商直升

（一）

近年来，心理学的一个巨大进步就是对逆商的认识。

曾经有一个年代，智商、情商被讨论得非常多。当然，这也是社会发展的结果和心理发展的必然趋势。

从智商到情商，从情商到逆商，这其实是符合社会发展脉络的。

古往今来，智商被讨论得最多。也难怪，"一娘生九子，九子各不同"，古人很早就意识到这一点，只是古人不知道智商和性格的说法。

现代医学特别是脑科学的发展，为智商揭开了神秘面纱。

现代医学认为，人的智商取决于先天遗传和后天培养。

所谓先天遗传，"龙生龙，凤生凤，老鼠的儿子会打洞"，就是这个道理。古时候，人有阶级之分，智商自然也有阶级之分。比如说，皇帝的儿子生下来就是要当太子的，再不济也要当个亲王什么的。这种人即便智商不高，身边的人也要想办法把主子的智商抬起来。至于山村荒野里生下来的孩子，生来就是狗蛋牛蛋的叫，智商再高也被叫笨了。

所谓后天培养，那更是有阶级之分。"朱门酒肉臭，路有冻死骨"，显然肚子都填不饱，走路都打飘，即使想玩点智商也没力气。

所以，古人谈论智商是有价值的，放在现代，价值就不太大。

现在人起码在社会层面是平等的，后天培养机会理论上也差不太多。现在不是流行一个说法嘛，"再穷不能穷教育，再苦不能苦孩子"，要说哪个孩子比哪个孩子聪明太多，这往往是不科学的，充其量是勤奋程度上的

差别。爱迪生说得好：所谓天才是百分之一的灵感加上百分之九十九的勤奋。现在这社会，扯上智商说事往往是为了掩盖懒惰的本质。

至于情商的讨论，更是有些无厘头。"都说饱暖思淫欲"，情商就有点这个味道。

自古至今，情商往往是"饱肚子"的"专利"，因为"饿肚子"的首要任务是生存。

著名心理学家马斯洛曾经提出需要层次学说，指出生存需要为第一需要，是所有社会需要的基石。生存无忧了，才能"胡思乱想"去考虑情商之类的事情。

站在这个角度来说，广泛意义上的情商讨论也就是近几十年的事情，特别是改革开放，人民丰衣足食后。想想困难时期，无数人靠啃树皮、吃观音土过日子。那个时代谁敢谈情商，恐怕是要下油锅的。

改革开放后，大部分人的肚子饱了，脑袋大脖子粗的人多了起来，寄希望于"投机取巧"的人多了起来，情商也就像"遮羞布"一样提上议程。

然而谈来谈去谈了几十年，也没有真正搞懂情商到底是什么，心理学到今天也拿不出一个让人信服的准确定义来。

不过要是拿这个问题去问一些街坊老大妈和跳广场舞的老太太，她们倒是可以很快给情商下一个定义：学会揣摩人心，该"不要脸"的时候就"不要脸"，别把自己太当根葱。做到这三个原则，自然能在社会混得开心快活。

只是，这样的定义难登大雅之堂，容易让一些所谓的专家有打脸的感觉，于是情商谈着谈着就没声音了。

逆商的说法，其实自古至今都在谈，说白了就是抗挫力。只是有些年

代,间间断断地被人淡忘了。每到大灾大难的时候,人们又想起这个"最熟悉的陌生人"。

所谓疾风知劲草,灾难往往是人的抗挫能力的一块试金石。

有的人在灾难面前越挫越勇,有的人在灾难面前惊慌失措,这里面就有逆商的身影。

(二)

有一种力量,医学称之为免疫力,社会学称之为逆商。面向自己的叫免疫力,面向社会的叫逆商。可见,逆商就是一种强大的社会免疫力。

身体的锻炼能增强个人免疫力,社会的磨炼却能增强社会免疫力。

华夏文明历来推崇"梅花香自苦寒来",历来倡导"宝剑锋从磨砺来"。这种通过社会磨炼而成为中流砥柱的典故不胜枚举,就像《西游记》里历经九九八十一难而终成正果的唐僧师徒。

逆商的社会磨炼道理在举重运动上体现得最为直接。

没有人一生下来就能举起 100 公斤或者 200 公斤的杠铃,像武松动辄举起 800 斤的石狮,李元霸轻易挥动 200 斤的铁锤,这些毕竟是民间演义,当不得真。

每一个举重运动员,在训练过程中都是循环渐进。先从小重量着手,5 公斤、5 公斤的加重,然后 3 公斤、3 公斤的加量,到最后 1 公斤、1 公斤的加重。如此一来,举起的重量自然就越来越大。显然,这不可能一蹴而就,需要一个漫长的过程。

社会磨炼,何尝不是如此呢?

社会也是一种生态系统,一种带有人文气息的特殊生态环境。其残

酷并不亚于自然界的"物竞天择,适者生存"。只不过,这个生态系统有了人文气息,残酷性就显得温柔而隐蔽。

但是不管怎么说,"物竞天择,适者生存"也是社会生态系统的一条法则。缺乏足够的社会磨炼,势必难以适应千变万化的社会并应对社会上的大灾大难。

如果说自然界的残酷生存是"刀光剑影",那么社会上的残酷生存就是"暗潮汹涌"。

一个孩子从小学医,又参加体育竞技,长大后当过锅炉工,到工厂里当过工人,在工地里扛过砖块……"上得了厅堂,下得了厨房"的事情,他几乎干了个遍。这种人,还有什么社会灾难能击倒他? 这个人就是钟南山——一个山一样的男人。

反观今天的社会,逆商这种社会免疫力普遍堪忧。

"温房里的花朵"被用来形容今天孩子们无忧无虑的成长环境,其实这个说法并不准确。事实上,这个社会哪有"温房"呢?

自古至今,社会从来没有给人类提供温房的环境,倒是有无数科学家在担心温室效应终究会破坏自然生态环境而毁灭地球。今天无数人谈到的社会温房,其实是一种臆想,或者说是一种坐井观天。

时下,有人说:要不在家里被打脸,要么出去被打脸。这句话不无道理,可谓话糙理不糙。

在家里,你笑,家人陪你笑;你哭,家人陪你哭。出了门,你笑,社会可能会陪你笑;你哭,社会绝不会陪你哭。

社会的确有热度,但本质上它像一位"冷面判官",不懂得溺爱,更不懂得苟且。

随着社会的发展,物质生活丰富了,精神磨炼却少了;坐享其成的多了,抗争苦难的却少了;鸡汤文化盛行了,直面人生的却少了。

如果不有意投入一场炼狱一般的磨炼,终究会被社会摒弃,更别谈逆商了。

心理学上有项数据让人触目惊心,那就是全球每年自杀人数。到底每年自杀多少人,不同的学术资料都记载得各不相同。但是可以肯定,即便是最保守的统计数据,也能让人大呼可怕。

医学可以尽最大的努力从科学层面挽救自杀,但是医学断难通过药物来增强一个人的逆商和社会免疫力!

逆商这个东西,没有捷径可走,唯有静下心来,一步一步投入火一般的磨炼。

(三)

古人云:山重水复疑无路,柳暗花明又一村。西方有谚:上帝为你关上一扇门,就会开一扇窗。这可算是逆商在灾难来临时带给人类的一个礼物。

即便如此,社会锤炼之下的逆商始终是根本,来不得半点侥幸心理。

其实,逆商的道理可以从成语里获得些许答案。中国的成语文化,绝对是最精炼的社会心理学写真,堪称最低调的国宝。

百炼成钢,千锤百炼,精金百炼,磨形炼性,自比于金,洗濯磨淬,琢玉成器,日锻月炼……举不胜举的成语,都说明社会磨炼的重要性:玉不琢不成器,人不学,不知义。

现代心理学早就极力呼吁,从小就应该将孩子推出去,或者丢出去,

让他感受社会的小风小浪，小风小浪经受得多了，日后才能经受得住大风大浪。应该说，这是非常有远见之明的。

战争年代，不需要刻意锤炼，都得被逼接受水深火热的考验。然而和平年代，本就容易让人麻痹，就像心理学上的温水煮青蛙效应：

> 将一只青蛙，丢进一个装满凉水的水壶里，然后慢慢点火烧热水壶中的凉水。刚开始，青蛙在凉水里优哉游哉地游，好不惬意，它丝毫没意识到水温在升高，也没想过从壶口跳出来，逃之夭夭。水温逐渐升高，终于到了青蛙承受不了的温度。但是，青蛙一旦意识到水温滚烫的时候，已经来不及了。滚水之下青蛙已经身体受伤而跳不起来了，最后只能活活地被烫死。

想想看，"温房"一般的社会环境，会带来多少来不及跳出的"青蛙"呢？

世界看起来太平，生活看起来舒适，但是这只是表面现象。如果缺少居安思危、未雨绸缪的心态，一旦遇上大灾大难，很多人难免就会"温水煮青蛙"。

可见，逆商真是个需要高度关注的概念，容不得半点疏忽。

不得不说，这是一个拼逆商的时代。低逆商的人，做事浅尝辄止，一番争取之后，偃旗息鼓；或一陷入困境，就心怀恐惧，绕着问题走，一生碌碌无为。高逆商的人，面对逆境，充分调动自己的能力和潜力来应付困难局面，最终大有作为。

衡量一个人成功的标志，不是看他登到顶峰的高度，而是看他跌到谷底的反弹力。这是二战名将美国巴顿将军说过的一句名言。

巴尔扎克则说：苦难对于天才是垫脚石，对于能干的人是一笔财富，

对于弱者则是一个万丈深渊。

丘吉尔说得更风趣：成功根本没有什么秘密可言，如果真是有的话，就是两个：第一个就是坚持到底，永不放弃；第二个就是当你想放弃的时候，回过头来看第一个秘诀。

所幸的是，社会有其可爱的一面。锻炼逆商的种种社会磨炼，到头来也会回报另一番风景。

有个成语叫才华横溢，其中隐藏的社会学道理和心理学奥秘的确值得深思。

今天的学问，格外讲究交叉学科发展；今天的社会，格外讲究既能看到诗和远方，也要看清脚下的土地。

社会磨炼，并不意味着"上刀山下火海"，也不意味一定要"水深火热"，更重要的是经受得住眼前的磨炼，哪怕是一杯水的考验。

这世上本就没有英雄，英雄就是一直在干着自己该干的事情的人；这世上本就没有天才，天才就是一直在排除脚下的困难并到达顶峰的人。

所谓才华横溢，在社会心理学层面有另一种解读：遇山开山，遇险架桥，能上能下，能文能武，上得厅堂，下得厨房……这样的人，自然能像巴顿将军一样推土机式地克服种种困难，既让逆商臻于不败之地，也能让才华闪耀在各种场合。

立足脚下，放眼未来，勇敢地接受一个又一个的挑战。坚持下去，自然会让才华横溢，逆商直升。如此一来，"五岭逶迤腾细浪，乌蒙磅礴走泥丸"，纵使面临大灾大难，又有何惧哉！

大道至简,品味蝼蚁之行

(一)

一千八百年前,"医圣"张仲景在《伤寒杂病论》序言中说:上以疗君亲之疾,下以救贫贱之厄,中以保身长全,以养其生。这句话,可谓是中医的一个纲领性文件。

中医,作为中华文化的一块独特的瑰宝,时至今日依然毫不逊色。"保身长全,以养其生"不愧为中医的"任督二脉",隐藏的文化和哲学道理,更是这块瑰宝中的灵魂之作。

其实,中医传承至今,一直在坚持中华文化的一种至高境界,如果用一个最简单的词语来形容中医,那就是大道至简。

中医从来不会将人体作为一个独特的个体存在,而只是视作自然界或生活中的一个"元素"。

身体"不舒服"的时候,《黄帝内经》上指示:令其调达,而致和平。说白了,"和谐、平和"的状态是中医追求的目标。这种"和谐、平和"需要人体与自然界或社会生活达到"妥协"。

所以,中医首先是道,其次才是术。有宏观有微观,宏观之中看微观,微观之中见宏观。中医从来没觉得人体有多突出,只不过是造化之下的一个"家庭成员"而已,没必要"溺爱"自己。

有一个故事能体现中医,特别是中医心理的大道至简:

一个人上吐下泻,种种药物都不见效果。

一位中医大夫望闻问切,感觉并无大恙,于是问了一句:如

此上吐下泻,是不是更舒服一些?

病人大诧:何来高论? 吐泻能舒服吗?

大夫说:事实上,一家人都来照顾你,虽然吐泻,然而你心里好受啊!

病人哑然:说得没错,但是吐泻也是一种痛苦啊!

中医大夫说:吐泻是假,博取家人关心是真吧!

病人沉思片刻,症状立愈。

事实上,有些东西没必要搞那么复杂,现代心理学已经告诉我们:所谓生理症状,除了一些顽固性病变,多半隐含有心理作用。所以,中医常常不会盲目"治疗",而是以"痛"止痛,以"毒"攻毒,以最简单的道理来解决最复杂的问题。

大道至简,中医常常体现得淋漓尽致。还有这样一个"无招胜有招"的中医案例:

一位县令饮食不振,精神萎靡。生活里似乎没有一件让自己开心的事情,就连孩童的嬉笑都感觉是"噪声"。

今天的很多人都知道这是抑郁症,但是在没有抗抑郁药物治疗的年代里,这该怎么治疗呢?

一位中医大夫接诊了,他一本正经地望闻问切,然后拿出诊断:妊娠反应!

县令当即哈哈大笑:这天下哪有这么糊涂的大夫? 男女都分不清,我一个大老爷们,怎么会怀孕呢? 又怎么有妊娠反应呢?

大夫走后,县令每每思之,总是忍俊不禁。笑了一段时间,

县令的抑郁症竟然好了，生活也回归正常了。

一年后，县令再次见到大夫。大夫才道出原委：故意一本正经地诊断妊娠反应，是为了让县令笑口常开，自然能情绪回归正常。

客观来说，这个过程初看之下看不出医术的高深之处，但是，它的确让人越品越有味，也让我们看到了返璞归真、大道至简的道理！

无招胜有招，不拘形式，这难道不是大道至简的一种表现形式吗？

（二）

任何灾难都是不期而至，任何意外都是毫无征兆，生活本就没有剧本，又哪来的刻意"预演习"呢？个人免疫力也好，社会免疫力也好，可以尽力做到有备无患，但是面临这些没有套路的社会风险，常常是来不及处理也来不及"预演习"。

社会有其看得见的套路，也有难以看清的"搏击"。套路固然漂亮，"搏击"却更需大道至简。

搏击史上有一种别具一格的道法，名叫截拳道。截拳道不讲究招法是否美观，而是格外讲究以最简单的招法、最快的招式击倒对方。

有人说，因为创始人李小龙死了，所以截拳道得以追崇。其实这种说法并不偏颇。追崇或者纪念一个人，绝不在于他看得见的丰功伟绩，而在于他留下来的一种道法自然。

历史上玩儿命的人多了去了，古惑仔也曾经风靡一时，截拳道的核心绝不在于简单搏击，而在于大道至简，抛弃那些华而不实的招式，以最简单的方式解决问题。

不得不说，截拳道是一种至简的道，而不是复杂的术。术可以尽可能

复杂;道,却只能尽量简单。

生活里,我们演绎了太多的术,却少了至关重要简单的道。究其实,生活没有那么复杂,就像一盆清水被我们添加了太多的颜料,水就变得灿烂却失去了本色。反过来,如果这汪清水是一片海水,再多颜料放进去,海水还是海水,海天一色还是海天一色!

地藏王菩萨说:地狱不空,誓不成佛。这是一种至简至朴的道,不带有任何术的色彩。如此,世界才有了希望,我们也能活得更真实更踏实。

道路本来千万条,条条道路通罗马,但是万千条路,道只有最简单的一条。

一个十岁的男孩陪同六岁的妹妹在医院里输液,妹妹得了绝症,危在旦夕。

十岁的男孩不知道怎样帮助妹妹,他只知道一刻不停地看着妹妹,医生告诉他干什么,他就干什么。

妹妹终于快不行了,医生想来想去,父母都不在了,想要救这孩子,只有最近血缘的男孩给她输血才有存活的机会。但是,如何给一个十岁的男孩谈这么严肃的话题呢?

医生尝试给小男孩解释。小男孩非常认真地听了一会儿,想了想,平静地说:帮我给我妹妹输血吧。

十岁的男孩再也没说一句话,伸出小小的胳膊,看着自己的血液通过输血管进入妹妹的身体。

妹妹脸色好多了,好像在那一刻生命之花再次开放。

输血管从男孩的胳膊上抽出来,医生看着虚弱的男孩。男孩脸色苍白,嗫嚅着问了医生一句:我还能活多长时间?

刹那间，大颗大颗的泪水从医生脸上滑落下来。他们这才知道：男孩以为输血就是拿自己的命换妹妹的命，然而，事实根本没有这么严重！

谁能想象，那么短暂几分钟的思索之中，小男孩曾有多么绝望与苦楚！但是他没有一点动摇，他毫不犹豫地选择了"牺牲"自己。

真正的至简大道不是矫揉造作，也不是瞻前顾后，更不是花环之下那一朵花瓣，而是生活洗礼之下心底最深处的那一滴泪水！

人啊，最大的免疫力，其实不是免疫自然界，也不是免疫社会大环境，而是免疫自己！

"我昨夜梦入幽谷，听子规在百合丛中泣血；我昨夜梦登高峰，见一颗光明泪自天坠落。"这是徐志摩在《哀曼殊斐儿》中的痛悼，也是对至简之道的一种怀念。

（三）

世界永远是那个世界，生活永远是那个生活，篱笆墙下的影子永远是那个影子！

一切都有天数。没必要把这个世界弄得太复杂，也没必要把灾难放大得太可怕。一旦想明白了，"道在屎溺"，何必太当回事呢？

《庄子·外篇·知北游》记载了一个故事：

东郭子向庄子请教："所谓道，究竟存在于什么地方呢？"

庄子说："道无处不在。"

东郭子说："必然得指出具体存在什么地方才可以吧。"

庄子说："在蝼蚁之中。"

东郭子说:"怎么处在这么低下卑微的地方?"

庄子说:"在小草中。"

东郭子说:"怎么越发低下了呢?"

庄子说:"在砖瓦之中。"

东郭子说:"怎么越来越低下呢?"

庄子说:"在大小便。"

东郭子无语了。

其实,庄子的本意不在于污秽之物,庄子的本意大抵在于:道在万物,没有一物能脱离道。

说白了,道无形,道又无处不在。蝼蚁尚且懂道,人类为何反倒孑孑而不闻道呢?

一种自然现象,人认不清的时候,冠之以迷信;人一旦认清了,谓之为科学。

一种社会现象,人认不清的时候,谓之以问道;人一旦开悟了,名之曰敬畏。

我们应该对世间万物都有一颗敬畏之心,就像敬畏自己的身体一样。

对于人体,随着医学越来越发达,我们的敬畏之心却越来越低弱。

缺乏医学的年代,人类对身体的一动一静洞若观火,虽然认识不一定准确,但是绝不会有半点含糊。

医学发展了,对人体的认识似乎也一知半解了,人类反倒开始忘了"知之为知之,不知为不知"的道理,自以为能对人体"呼风唤雨",傲慢之心与狂妄之态尽显,到头来毁了人体健康,也毁了自身幸福。

医学界有个笑话:

一个人拉肚子,拉到天翻地覆。没办法,他去求助于"止泻君"。

"止泻君"哈哈大笑,满口包票:管你药到病除,腹泻立止。这个人于是吃了止泻药,果然腹泻立止。

这个人欢天喜地,继续"放浪"开了。然而,"放浪"了一周,这个人突然感觉没有便意,想拉也拉不出来。

这个人又来找"止泻君":我腹泻的确好了,但是便秘了,怎么办?

"止泻君"又哈哈大笑:我只管你腹泻,可管不了你便秘!

这个人顿时愣住了:那可怎么办?

"止泻君"脸色一沉:你不爱惜身体,好一点就去"放浪",关我何事? 我不过是你身体的一个喽啰兵而已,我只能解决分内事!

这时,身体发言了:平时不烧香,急时抱佛脚,活该!

这本是一个司空见惯的寓言故事,却道出了一个最质朴的道理:人只有敬畏并珍惜自己身体,人体才能投桃报李,回馈以强大的个人免疫力与社会免疫力。

敬畏之心,是最质朴的生存之道,也是最真实的至简之道。传说中,降魔罗汉一心要回到人间,体验人间苦痛,这不是对天上人间的厌倦,而是对世间疾苦的敬畏。

抱有一颗敬畏之心,每天都化小险为小夷,纵使灾难不期而至,又能起多大风浪呢?

佛说:我本菩提树,心如明镜台。

大道至简,品味蝼蚁之行,不啻为一种最接地气的修行与修炼!

抑郁：不得不说的真相

（一）

不是每一个人都能抑郁，好人才会抑郁。

这里说的好人，不是坏人的反义词，而是没心没肺的对立面。

没心没肺的人，想抑郁都难。《西游记》里，猪八戒一辈子也抑郁不了，倒是唐僧很有抑郁潜质。

因为是操心的命，抑郁的人往往想得多：操自己的心，操身边人的心，甚至像老舍一样操天下人的心。

然而，很多心是白操的，不是说"付出就有回报"。操心操多了，要么突然悟道而"四大皆空"，要么沉迷孽海而"六根不净"。

人到老的时候容易走两个极端——老年痴呆或老年抑郁。"四大皆空"谓之老年痴呆，"六根不净"谓之老年抑郁。

（二）

谈论抑郁，不是每一个人都有资格，就像禅宗不是每一个人都能修炼。没有点智商，谈论抑郁就像是小学生谈论博士生。

智商可不是谁想玩就能玩的，抑郁的人往往有这个资本。只是，现在对智商的定义有些问题。

我们说爱因斯坦智商高，爱因斯坦自己并不这样认为，他甚至对"全世界的人对他顶礼膜拜"而"深感不安"；我们说乔布斯智商高，乔布斯显然不接受，他只是偏执地干了一件"偏执的事情"。

智商本没有那么玄乎，它不过是类似于风雨雷电的一种自然现象。

139

老是盯着一个人的智商说事,迟早要把人弄抑郁。

缺乏智商的人,才会拿智商说事;有智商的人,往往被说成了抑郁。

(三)

优点太多,抑郁风险直线上升,二者之间呈正相关。

胡作非为或我行我素的人,常常让身边的人抑郁,自己却活得好好的。

优点多,容易讨人喜欢,也容易抑郁;缺点多,容易招人讨厌,却逍遥自在。

人与人交往,始于优点,终于缺点:优点只能开头,缺点却能结尾。

人不能靠优点活,而应该靠缺点活。优点让人活得压抑,缺点却让人活得真实。优点让外人"羡慕嫉妒恨",缺点却让外人茶余饭后不无聊资。

生活需要这样:笑笑别人,也被别人笑笑。

给自己或身边的人保留一点无伤大雅的缺点,放爱一条生路,也给生活留一点喘息的机会。

没有缺点,就是最大的缺点。

(四)

有部电影名为《莫斯科不相信眼泪》,抑郁的人笃信这一点,虽然他们也会流泪。

没有人能帮得了自己,除了自己。外人说三道四或指点迷津,这常常是好心办坏事,让抑郁的人更抑郁。

抑郁的人往往需要一点时间来理清思路,外界的喧嚣却很难给他们

一间安静的心房。

三毛是抑郁的,所以她选择了撒哈拉,即便到了撒哈拉,"我的心里有很多房间,荷西也只是偶尔进来坐一坐"。

寻觅不到未来的路,却依稀记得儿时母亲的呼唤,抑郁的人一生都走在回家的路上。

长歌当哭,洞明了世界,却不能洞明自己。这不能不说是一种悲哀。

141

第五章　世事洞明皆学问

曾几何时,一封"世界那么大,我想去看看"的辞职信风靡网络。不得不说,短短十个字的辞职信,写得虎虎生风,很霸气。在浮躁的社会背景下,这样的辞职信迎合了很多人的"愤青"心理,颇有周星驰的无厘头风格。

显而易见的事实是:世界那么大,钱包却很小,你有什么资本去看世界呢? 所以,听到这句话,总感觉是一个懵懂男孩或幼稚女孩说的话。如果是一个流浪歌手或西部牛仔这样说,倒是很好让人接受,就像罗大佑的《童年》:"多少的日子里总是一个人面对着天空发呆,就这么好奇,就这么幻想……"然而,不是每一个人都能像吉卜赛人一样四处游荡,究其实,理想很丰满,现实却很骨感。掩案沉思,之所以一句话引起那么多人的共鸣,恐怕是集体压抑得太久太久了。

压抑之下,人都有寻求解脱的本能。给我一双慧眼吧,成为很多人的追求目标。只可惜,世界是如此不靠谱,我们看到的往往是不真实的。

心理学上有种"微笑性抑郁"的诊断,就是世界不靠谱的实证。所谓微笑性抑郁,就是脸上挂着笑容,心里却滴着泪水的现象。就像一些高速公路收费员的微笑服务,怎么看怎么让人不舒服。平心而论,服务行业在态度上能做到平和诚恳就不错了,何必强求"卖笑"呢? 这样的笑容既欺

骗了世界，也伤害了自己。所以说，笑星和主持人是抑郁症的高危群体，这句话一点也不过分，崔永元显然比我们都明白这个道理。

眼见未必为实，我们常常被自己的眼睛欺骗，这是生活的一条定律。

都说家家有本难念的经，这本难念的经常常是深藏心底的苦痛，绝不会轻易流露于外人。无数人在感慨：我感觉身边每一个人都比我幸福。这其实是一个巨大的误区，因为你只看到别人虚假的幸福，却看不到人家内心的苦痛。

比如，孩子考得不好，成绩不理想，就觉得别人家有一个能考第一名的孩子真够幸福的。殊不知，人家家里有一个老是考第一名的书呆子，心里也在犯怵：除了学习，啥都不会，长大了如何是好呢？

再如，看到闺密的老公每天接送老婆，就觉得人家的爱情比蜜甜。殊不知，闺蜜一肚子苦水不知向谁倒：哪有那么好的男人呢？谈恋爱的时候接送一下是为了把女人"骗"回家，都结婚多少年了还指望他接送，岂不痴人说梦！人家坚持每天接送，其实无关爱情，也许只是为了严格"看管"而不让与其他男人有接触的机会！

诸如此类，生活中充满不胜枚举的例子。可见，生活的本质是不够美好的，我们又何必相信看到的那么多的虚假美好呢？顾城说："黑夜给了我黑色的眼睛，我却用它寻找光明。"这是诗人理想化的语言，光明是需要在内心寻找的，绝不会睁眼就能看到。

多少人因为不太明白这一点而屡屡受挫，到头来却责怪生活不美好，这对生活来说是不公平的。最常见的情形是：多少孩子在美好的"谎言"中长大，因为父母刻意"屏蔽"了生活的一些不美好，呈现给孩子的都是这样或那样的虚假"美好"。等到孩子长大的那一天，他突然意识到生活

143

里满是不靠谱的美好，比如人心险恶、尔虞我诈、钩心斗角……一旦认识到生活的真相，"很傻很天真"的孩子们反倒开始抱怨生活，甚至自暴自弃。

生活就是这样，你对它笑也好，对它哭也好，它始终没有改变它的面目，不是"你笑它就笑，你哭它就哭"，就像维纳斯的断臂，生活的本来面目一直是残缺的美好。我们为什么不能早点告诉孩子生活的本来面目呢？为什么不让孩子早点了解到生活残酷或残忍的一面呢？为什么非要用虚假的美好来欺骗孩子的眼睛呢？

不是说书读多了就好，书读多了也是会中毒的——倘若缺乏一双善于看到残缺的眼睛。

满世界的心灵鸡汤，满世界的励志书籍，这究竟是在安抚人心还是营造虚假的美好呢？谈心灵鸡汤的那些心理专家绝对不是真正的心理学人，心理学人都知道，心理学的一个真谛是告诉人们生活的真相，特别是不够美好的真相。

世界那么大，看不看都是那么回事，关键是你能擦亮你的眼睛吗？

汉字另类简史

（一）

据说汉字是世界上最有特色的文字,常常一个汉字就能弄得老外摸不着北。

说起来,这要感谢老祖宗。但是,老祖宗从泥巴里搞出几个汉字来,绝对想不到后人有那么多不接地气的用法。

曾经一个年代,天下就那几个甲骨文,而且就那几个人认识,大家交流起来云山雾罩,连蒙带猜,兼带手舞足蹈。那时候,汉字不重要,生存和繁衍最重要。至于爱情,没有文字忽悠,大家都还不知道世界上有这么个不切实际的东西。

汉字怎么多起来的,这是历史学家的课题。但是可以肯定,早期的汉字是不多的,秦朝统一天下,把各个国家的五花八门的汉字集中起来,宰相李斯一个一个地改造并统一形状,累个半死,也就几千字。

我们今天写篇文章,一不小心就能敲出万把字。可见,秦朝之前那么多年,汉字数量真不算多!

然而,就这区区几千个汉字,能闹得秦始皇不得安宁。

秦始皇到底是个什么样的人,这是历史学家研究的事情。但是不争的事实是,一些儒生和游士,用这几千个文字"兴风作浪",妄评时政,再加上方士求仙失败后私下谈论秦始皇的为人,这下彻底把秦始皇搞火了,一怒之下弄出焚书坑儒这么惊天骇地的事情。

在秦始皇眼里,显然这是文字惹的祸。虽然秦始皇这事情做得有点

过,但是汉字的威力真真切切地显现出来了。

有文字,一定有文化;有文化,不一定等于有文字。

(二)

秦朝之后,汉字越来越多,并没有因为焚书坑儒而停止脚步。但是这也不见得就一定是好事。

历史上第一个真正统计汉字的人是东汉许慎,他在《说文解字》中收录了 9 353 个汉字,相比今天来说也不算太多。

到了清朝,《康熙字典》收录了 47 000 多字。现代的《中华辞海》则更厉害,收录了 85 000 多字。

这么多汉字,按照秦始皇的思维,不知道会带来多少"祸害"。事实也是如此,自从汉字丰富了,很多东西就不是那么回事了。

汉字缺乏的年代,耕田就是耕田,睡觉就是睡觉,反正我说的你不一定听得懂,你说的我也不知道咋回事,说多了反倒累,该干活就干活,该睡觉就睡觉,该扑腾后代就扑腾后代,就连老祖宗黄帝和炎帝也不例外,也是扛着犁耙成天带头耕作,真是人狠话不多。

汉字多了,所谓的文化交流就方便了。就像最朴实的民谣一样,跑题走调的事就多了。

再也不用一味低头耕田了,搞一会儿就站起身来与隔壁水田里的人聊几句,聊得不过瘾,干脆犁耙一扔,站在田埂上聊个痛快。以前一天能干完的事情,现在三天也干不完。再后来,有的人干脆就不下田了,专门站在田埂上戳戳点点,这棵秧苗歪了,那里漏水了,耕作的人唯唯诺诺,一个劲地感谢田上的人指点,干活的反倒不如卖嘴皮子的。

也不好好睡觉了。躺在床上不用急着呼噜了,谈谈人生,谈谈理想,谈谈诗和远方,谈着谈着就更睡不着了,睡不着了也就不谈形而上的事情了,谈八卦,谈绯闻,谈寡妇门前是非多,谈着谈着竟然又能迷迷糊糊地睡着。第二天醒来,全然忘了头天晚上的形而上或形而下的交谈,一个劲地头晕眼花。

扑腾后代也不用着急了,先掰扯掰扯爱情,爱情不搞明白,这事急不得。然而,爱情这东西真是搞不明白,越掰扯越糊涂。掰扯明白的基本都出家了,就像李叔同,弄到最后就剩下爱情两个字,根本代表不了什么。有的人不小心掰扯爱情的时间太长了,才想起扑腾后代,只可惜生育功能又不行了。

汉字,就是这样奇妙。它能创造万花筒一样的美妙生活,也能制造万花筒一样的迷局。就像每个人都会甜言蜜语,但是真正的爱是很难说出口的。

不深究,就是生活;深究了,就是文字。

一撇一捺,这其实是文字;一针一线,这才是生活。

为了生活而文字,这其实是实干;为了文字而生活,难怪越来越没有生活。

但是文字难道没有自省功能吗? 文字是最有自我批判精神的一种文化。被忽悠的时间长了,文字自然就不会允许人类再胡说八道。

(三)

时至今日,绝大部分汉字都成了死字,就像大家都要落叶归根一样。

今天,最全面的字典也只能整理出十万汉字,但是日常使用的汉字,

大概只有六千多字而已。

整理出来的是历史,真正使用的是生活。

但是,为什么有人在追忆历史,又有人在追求生活?

懂得生活的在追忆历史,不懂得历史的自然在追求生活。汉字,仅仅只是一个历史文化生活的无辜的旁观者和见证者。

今天的常用汉字,跟李斯那个年代整理的汉字数量其实没有太多差别。难道说,三千年来,汉字没有发展吗? 文化人口口声声中的文字到底又去了哪里?

文字学家和历史学家可以非常轻松地回答这个问题:常用汉字数量其实一直保持平衡,就像柴米油盐永远是柴米油盐,只是,附带的文字产品太多太多,每个时代都有每个时代的怪腔怪调!

这才是历史的真实,或者说,这才是真实的历史!

掩案沉思,时下又有多少流行的并最终湮没于历史的文字怪调呢?

网红名字,网络名词,你方唱罢我登场,长江后浪推前浪,好不热闹! 究其实,这只是时代的一种添加剂,永远也构不成主旋律。

只可惜,添加剂常常能遮掩主味,就像怪腔怪调常常让我们忘却生活的真实味道。

就像感恩这么朴实的名词,几千年来都很真实,在今天怪腔怪调的冲击下也变得岌岌可危。

今天的感恩,常常是一种口号。真正的感恩,常常是润物细无声。

孔子也好,老子也好,活着的时候只是在尽力,死了多少年才有人拿他们当感恩的例子。

活着的时候忙着感恩,反倒没有时间谈感恩了。一个劲地谈感恩,怎

么有时间去落实呢?

不要责骂生活,也不要责怪汉字!干实事的人少了,自然怪腔怪调就多了起来。这不是文化的退却,而是历史发展过程中的一种必然现象!

汉字永远还是那六千汉字,看着忙忙碌碌而缤纷多彩的生活,汉字永远在保持一种真正的沉默。

如果说汉字有啥伟大,如果说汉字有啥生命力,那就是无论风云如何变幻,核心汉字数量就是那六千字!

其中,永远不褪色的是"实干"两个字!套用今天的一句话:话不多说,埋头苦干!

149

灵魂与沙龙

(一)

据说,灵魂是有质量的,好像只有几十克。

几十克的灵魂能够支持一个人走过几十年甚至上百年,其珍贵之处不言而喻。如果像黄金那样一克卖多少钱,世界上最富有的人也买不起灵魂这东西。

说起来无比珍贵,偏偏最珍贵的东西最不会被珍惜。

日本有个著名的音乐家叫小泽征尔。一次,他偶然听到了瞎子阿炳的《二泉映月》,竟然感动得泪流满面,说:像这样的音乐只能跪着听。

有些珍贵的东西,真的只能跪着听,评价或谈论都是一种亵渎。

可笑的是,今天很多还没活明白的人在大谈特谈灵魂。

一些所谓的专家,关起门来围坐一起,你一句我一句,名曰触及灵魂深处的沙龙。这样的沙龙比比皆是,更是被冠以各种冠冕堂皇的称谓。

参与的人多了,沙龙的规模越来越大,灵魂被探讨得越来越透彻,其实是被践踏得越来越悲惨。

到最后,那些最会装神弄鬼的专家用自己那残缺的灵魂来"普度众生",让一众"信徒"神魂颠倒,终于放飞了那个名曰灵魂的最宝贵的东西。

人一旦活够了,灵魂反倒不成为一个话题了。

泰国有一个一百多岁的老头,儿孙绕膝,六世同堂。照起全家福来,一百多号人围绕着老寿星,好不温馨。闻讯而来的记者们也将老寿星围在中间,纷纷采访老头当下最大的心愿。

让人万万没有想到的是,老头慢悠悠地说了一句话:我现在最大的心愿就是早点死,我真的活够了。

最有资格谈灵魂的人反倒不想谈灵魂了,他只想着尘归尘、土归土,这样的灵魂其实是最纯粹、最干净的灵魂!

(二)

《射雕英雄传》里的老顽童从来没刻意干过什么事,却让我们看到一个真实的灵魂。

老顽童似乎一辈子都没什么追求,不论是爱情还是事业。

他跟着王重阳去段王爷家做客,结果鬼使神差地与段王爷的王妃修成爱情正果,自己还傻乎乎地不知道发生了什么事情。

至于武功,老顽童更是不屑一顾,开心了练两把,不开心了就与一群小屁孩捉迷藏,实在找不到人玩了就双手互击——自己打自己。

武功对于老顽童而言,纯属生活的一部分,充其量只是一个兴趣,无关功名利禄,以至于武林至尊宝典《九阴真经》放在面前也不屑一顾,甚至懒得学习。

然而,老顽童的武功竟然登峰造极,同时对付东邪与西毒也不在话下,甚至为了寻开心将名满天下的铁掌水上漂裘千仞捧得狼狈不堪。

大家都削尖了脑袋参加华山论剑争夺天下第一的名分,老顽童也去了华山,他不是为了比武,而是为了看热闹图开心,顺便降服几个为害武林的败类。

老顽童啥道理都讲不出来,一点大师的样子都没有,但是我们就是喜

151

欢,越看越喜欢。

说起来,真正的灵魂就一个字:真。这个字不是坐而论道说出来的,而是顺其自然做出来的。

这样的灵魂,常常是人间的一缕轻烟,看不清却回味无穷。

《射雕英雄传》里的黄药师其实也很真。即便他邪得离谱,但是邪得真实。

在黄药师眼里,没有世俗束缚,没有尔虞我诈,没有虚情假意,善也好恶也好,都来得真实,绝不拖泥带水。

黄药师一天到晚喊打喊杀,到头来也没见他杀一个人。这个人不屑于杀人,没人敢杀他,这就足够了。

152

(三)

一个才华横溢的诗人,写出来的诗歌灿烂夺目,景仰者众。

诗人娶了个漂亮老婆,美若天仙。

诗人靠诗歌赚来的财富越来越多,衣食无忧,眼见着一辈子不用为金钱犯愁了。

诗人的生活完美了,然而诗人的灵魂慢慢丢失了,他竟然怎么也体会不到幸福的滋味。

苦恼的诗人四处寻找幸福的真谛,直至碰到假扮成人的上帝。上帝笑了笑:我让你知道什么叫幸福吧。于是,上帝果断地拿走了诗人的才华。

才华没有了,诗人写不出诗歌了。写不出诗歌,也就赚不到钱了。坐吃山空,财富很快就见底了。漂亮的老婆一见都要饿

死了,也"另寻高就"了。诗人终于成了乞丐,端着个破碗四处乞讨。

　　上帝又来到诗人面前。诗人热泪盈眶:我终于知道什么叫幸福了。

拥有的时候,往往不以为然;失去了,才知道一些东西的宝贵。

每个人都曾经有一个最真实的灵魂,接受的沙龙教育多了,慢慢地丢失了最本真的部分,剩下的糟践自己的东西,反倒被一些人奉为所谓的哲理。

一个面朝黄土背朝天的老农民,日出而作,日落而息。一个记者采访他,写了一篇歌颂老农辛勤劳作的报道,美其名曰号召大家学习传统美德。

老农民一个字也不认识,掂了掂报纸,将记者的报道扔进煮饭的土灶里,说:这个东西点火还是不错的。

这才是真正的灵魂,一个保持了本真的伟大的灵魂!

153

不是每个人都有资格当好人

（一）

谈起好人，首先得说鲁智深。

一介武夫鲁智深，除了闹事，啥都不会。为了金翠莲，三拳打死镇关西，然后亡命天涯。亡命天涯也不安分：好不容易上了五台山，竟大闹五台山，砸了山门，踹倒门神，打得一众僧侣鸡飞狗跳。五台山待不下去了，去东京大相国寺看菜园。菜园也不好好看，纠集了一帮泼皮无赖，成天闹闹腾腾，直到林冲吃了高衙内的大亏，几个泼皮活生生把高衙内阉割了，东京也待不下去了，再次亡命天涯，直至落草二龙山并投奔梁山。

幸亏鲁智深赤条条来赤条条去，倘若上有老下有小，家人还不得揪心死！想想吧，哪个父母如果摊上这么个成天惹事的浑小子，起码少活二十年。

然而，我们就是喜欢鲁智深，发自内心地喜欢。《水浒传》里真正路见不平一声吼的其实没有几个人，鲁智深绝对是实至名归。

他脾气暴躁，蛮横无理，天不怕地不怕，从来就没让身边人省心过，但是，他实实在在地用自己的蛮横之力解救身边每一个受苦难的人。

鲁智深不是人，是真正的佛，一个不太讲究生活细节的佛。

（二）

鲁智深让人荡气回肠，辛德勒则让人唏嘘感叹。

如果不是一部电影的诞生，世上极少有人知道这个人。《辛德勒的名单》解密了一段二战时的小插曲，从而让我们认识了辛德勒。

作为二战时的一名德国商人,辛德勒几乎囊括了商人所有的优点和缺点:他精明、狡诈、纨绔、好色甚至冷酷。他可以和纳粹高官称兄道弟,也可以与职业商人斤斤计较,还可以与各类情人灯红酒绿。从商人角度来说,辛德勒活得非常滋润,也干得非常成功。单凭这一点,辛德勒充其量只是商人中的沧海一粟,显然无法与今天的比尔·盖茨或马云相提并论。

然而,辛德勒借助德国商人的特殊身份,努力周旋于纳粹军官之间,竭尽全力救了1 100多名犹太人而使其免遭大屠杀,并且用自己的钱财供他们吃住直到二战结束,可谓成功地演绎了一把"明修栈道,暗度陈仓"。

虽然辛德勒是一个狡诈的商人,也是一个好色的男人,但他是一个不折不扣的好人,一个凭借一己之力拯救一群犹太人的好人。

鲁智深是用蛮力一个一个地拯救,辛德勒则是凭借身份和智慧拯救了一群人。

(三)

比辛德勒更让人感慨的是杜月笙。

叱咤上海滩的杜月笙,称他为黑帮大佬一点也不为过。开赌场,卖大烟,打砸抢,倒买倒卖,垄断市场……老百姓能想到的坏事情,杜月笙都干了个遍。

说杜月笙不是坏人,显然说不过去。但是这个坏事干绝的人,也干了不少惊天动地的好事,整个旧上海,"有事找杜先生"成了一种现象。他甚至成为中国红十字协会副会长,在1931年中国各地水患严重时带头一

口气筹集捐赠了二十亿法币善款。

当上海滩风云褪尽,杜月笙一改既往,侠骨肝胆,为国一腔赤诚的一面彻底显露了出来。

全面抗战时期,他认购了近六分之一的抗战国债,并以高度热情筹备资金,安置难民。难能可贵的是,他坚决拒绝日本人的利诱,誓不与日本人为伍,倾其所有狙杀入侵的日本人,其民族气节让人唏嘘!

"我以前没得选,现在我想做个好人。"《无间道》里的这句台词最能代表杜月笙的心声。

没有之前黑帮大佬的杜月笙,就没有后面民族大义的杜月笙。坏人的杜月笙是特殊时代的产物,民族大义的杜月笙却是真实的体现。

(四)

想当好人,真不是一件容易的事情!

心地善良就能当好人吗?这无异于痴人说梦:除了心地善良,还得有让双脚坚强站立的东西!

蛮横如鲁智深者,才有能力在蛮横的世道里救人于危难之中。倘若把贾宝玉送上梁山,谁都救不了,反倒拖累大家,岂不贻笑天下!碰上李逵这样的莽夫,贾宝玉早就被赶出了梁山泊。

那样一个弱肉强食的年代,造就了鲁智深这样的好人。放在今天,鲁智深就很难有英雄用武之地了!

辛德勒生活在一个战火纷飞、尔虞我诈的时代。正是因为辛德勒足够狡诈,他才能与那些魔鬼般的纳粹军官轻松周旋,甚至如鱼得水。离开那个时代背景,即便想当好人也不可能,更别谈拯救1 100多名犹太

人了。

杜月笙更是让人深思。

上海滩历来是数"千古风流人物"的地方,倘若不具有非凡的能力,别说叱咤风云,立足都难。杜月笙做到了,而且做到了极致,一段时间内只要他跺跺脚,上海滩都要抖三抖。

若缺乏这股魄力,他何能振臂一呼,募捐二十亿善款!缺乏了这股杀断力,他何能认购近六分之一的抗战国债,并与日本人势不两立!

饿死不当汉奸,杀死不当亡国奴,这就是杜月笙。时至今日,上海人谈及其他黑帮大佬都是愤愤然,唯独杜月笙还被喊作"杜先生"。

不得不说,真正的好人是时势造出来的,就像时势造英雄。

对付不了坏人,哪有资格当好人!

太平盛世很难出英雄,也很难显现真正的好人。

157

只爱一点点

(一)

单位里的一位小伙子,抑郁不已。追问缘由,他长叹:"女朋友与我分手了。"

为什么分手? 我们很诧异,平日里经常见他俩卿卿我我,怎么突然分手?

"她成天黏着我,我受不了了。"小伙子喃喃道。

这是什么话? 恋爱中的人哪有不黏糊的? 我们更诧异了。

"只要不在一起,她就一天到晚打我的电话,只要我没有及时接电话或者没顺她的意,她就抱怨、生气,我被弄得快烦死了。"

"这说明她在乎你嘛!"有心直口快者打抱不平。

"但是我怎么可能随呼随到呢? 难道我没有自己的事情? 我又不是她的宠物!"

"这跟宠物有什么关系? 处理自己的事情跟处理她的事情并不矛盾啊!"打抱不平者有些愤愤然。

"拿前几天来说吧。我一个多年好友过来出差,让我陪他去谈生意,几年没见面,我怎好意思拒绝人家? 正好她的电话来了,要我陪同去买衣服。我将情况说明,让她自己去买。结果,她不高兴了,电话一次一次地打来要我过去,最后大叫'到底是你的朋友重要还是我重要? 宁愿陪朋友也不愿陪我,你把我当什么人呢? 我们分手好了!'"

就这样分手了? 小伙子点点头,良久补充了一句:"就算她愿意和好,

我也没劲了,我累了。"

我们面面相觑,一段爱情就这样简单地结束了。静心想想,又实在不是滋味。

三毛曾经说过:"我的心里有很多房间,荷西也只是偶尔进来坐坐。"罗素说得更直接:"爱情只有当它是自由自在时,才会叶茂花繁,认为爱情是某种义务的思想只能置爱情于死地。"

想想现实中的爱情,有多少情侣真正明白这个道理呢?

(二)

隔壁的老王,五十岁不到就未老先衰——头顶恍若足球场,只有寥寥几根头发。一年前,老王的头顶还是一片"茂盛的树林"。

看来老王有很大的心事。左邻右舍都这么认为。只是日子这么舒服,老王能有什么心事呢?

一天,老王请我帮他修电脑。电脑修好后,他非要留我喝上几杯。酒过三巡,老王有些激动,感慨连连:"老弟啊,你说养儿子有什么意思啊?我那么疼他,那小子竟然抛下我跟他妈不管了!"

我大惊,原来老王的心事是因为这个原因啊!要说老王对儿子的疼爱,那可真是没话说了,从小就捧在手里怕掉了,含在嘴里怕化了。再说了,有哪个当爹当娘的不疼自己的孩子呢?只是,儿子怎么会抛下他不管呢?

"那小子不听我的话,非要到国外发展,跑到加拿大去了!"

这是好事啊!我心想,儿子有志气有出息应该高兴啊,老王怎么唉声叹气呢?

159

"跑那么远！有个三长两短怎么办？谁来照顾他？我跟他妈真是担心死了！"

明白了！原来老王是担心儿子——儿子不在身边，老王怎么也不放心！但是，就算儿子不出国，老王能照顾儿子一辈子吗？

韩非子云：人之情性，莫先于父母，皆见爱而未必治也。高尔基在《忏悔》里"忏悔"：应该让孩子自由地成长。

只是，有多少父母愿意割舍对孩子的爱呢？

（三）

朋友李老师是个热心肠的人，在朋友圈里以乐于助人而深得敬重。

一次，小陈买新房，算来算去，还缺两万块，于是来找李老师借钱。李老师二话没说，马上到银行取了两万。

过不久，小齐要结婚，也来找李老师借钱。李老师没有一丝犹豫，拿了一万块钱交给小齐。

不多时，小林的父亲突然病倒了，需要一笔数目巨大的治疗费。小林不宽裕，只有东凑西借，就找到了李老师。李老师面露难色，因为当时实在窘迫——小陈和小齐借去的钱都没还。但是李老师没说什么，将钱包里的钱掏空了交给小林，一共两千块。

没想到，小林一肚子怨气："借给人家随手就是一两万，我这人命关天的事情只借我两千，太不够朋友了。"

李老师无言以对，只有眼睁睁地看着小林抱怨，多年的朋友就这样疏远了。

事后，李老师很郁闷——莫名其妙地失去一个朋友，还不知道自己做错了什么。

　　看到他郁闷的神情,问明缘由后,父亲告诉他:"你的确做错了。"

　　李老师瞪大了眼睛:"是吗? 我做错什么了?"

　　"你不应该无所保留地帮助朋友。"父亲一字一句地说。

　　"怎么这么说? 难道全力帮助朋友也是错?"李老师激动起来。

　　"如果一次帮到底,接受帮忙的人就难以感到困难的真实性,甚至会对困难麻木。这样一来,岂不害人? 更关键的是,不留余地地帮人,只会让自己'元气大伤',等到最应该帮助的时候反倒没有能力了。"

　　古人云:君子之交淡如水。哈伯特说,一个不是对我们有所求的朋友,才是真正的朋友。显然,朋友的定义不能单纯以金钱来衡量,以为全力"赞助"才够朋友,这实在是一种错误的认识!

　　但是,有多少人陷入这样的误区呢?

161

上帝送给爱因斯坦的礼物

（一）

我时常想起爱因斯坦，一个不修边幅甚至有些邋遢的男人。

这个男人扛着异乎聪明的脑袋，成功地解决了一个个宇宙难题，却无法解决司空见惯的感情问题，时至今日，爱因斯坦与第一任妻子米列娃·马里奇的失败婚姻一直受到人们的关注。

1896 年，17 岁的爱因斯坦在瑞士苏黎世联邦工业学院学习期间，认识了他的第一任妻子米列娃·马里奇。他们很快相爱，并于 1903 年结婚。

婚后，爱因斯坦在瑞士首都伯尔尼担任专利局审查员。此时，他与米列娃的感情非常好。米列娃在写给朋友的信中说："我们同甘共苦，现在的生活比在苏黎世时还幸福。"

但是，幸福的生活没有持续太长时间。

同绝大多数夫妻一样，平淡的婚姻总会带来争吵与摩擦，婚姻终于成为爱情的坟墓。到 1915 年前后，爱因斯坦和米列娃的感情已是四面楚歌，婚姻已流于形式。在爱因斯坦眼里，米列娃"是个凶巴巴的、毫无幽默感的造物，没有任何自己的生活。她的存在只能令其他人的生活丧失乐趣"。

1919 年，爱因斯坦与米列娃正式离婚。

（二）

因为爱因斯坦在"相对论"上取得的巨大成就，人们往往忽视了这段

失败的婚姻给他带来的打击。事实上，婚姻破裂在带给米列娃痛苦的同时，也给爱因斯坦带来了巨大冲击。在婚姻破裂的日子里，爱因斯坦像一匹马那样辛苦工作，像个烟囱那样抽烟，整天就靠咖啡、廉价香肠和小甜饼干过日子。而且，他得忍受常人难以想象的痛苦和孤独。爱因斯坦在给一位朋友的信中写道："我每天超负荷工作，这简直是非人的生活。"

但是，正是这忘我的工作让爱因斯坦忘却了失败婚姻带来的痛苦，爱因斯坦在婚姻失意的情形下一声叹息，"科学，在客观上升华了我。没有抱怨，没有哀哭，我从泪谷进入了和平的科学空间。"

很少有人能真正走进爱因斯坦的内心，很少有人能真正读懂爱因斯坦的那声叹息。既然失败的婚姻已成烙印，该拿什么来拯救自己呢？爱因斯坦给出的答案是让科学来升华自己——他需要科学来拯救自己的灵魂，他需要科学来化解内心的愁闷。

终于，爱因斯坦成功地拯救了自己，晚年的他在自画像旁题道，"苦难也罢，甜蜜也罢，都来自外界……我孤寂地生活着，年轻时痛苦万分，而在成熟之年却甘之如饴"。

也许，爱因斯坦本没有那么伟大，他不过是在拯救自己的过程中无意中成为科学的"宠儿"。难道说，这是上帝送给爱因斯坦的礼物吗？

面临失败婚姻时，拥有非凡智慧的爱因斯坦成功地借助科学来拯救了自己，但是，平凡而愚钝的我们又该拿什么来拯救自己呢？

163

回忆是歌，记忆是泪

（一）

一首老歌，唤起一段尘封的回忆；一声呢喃，唤起一段桎梏的感情；一个眼神，唤起一段美丽的乡愁。

记忆，总要在不经意间被打开，就像一个突然谋面的老朋友，让人泪眼蒙眬。难道说，刻意的回忆不是记忆，不期而至的感受才是记忆吗？

《青春赋》有言：当一个人开始回忆往事的时候，人生的暮年就开始了。只是，这样的回忆难道不是刻意的回忆吗？

全世界的心理学家都在说：回忆是人的本能，遗忘却是人的一种自我防御机制。没有遗忘，那些痛苦的过往就会时时袭扰人的内心，让人不知所措。借助于遗忘，回忆也变得烟雨凄迷。

正是得益于遗忘，人才不至于活得太痛苦；境界更高的，可以达到难得糊涂的洒脱程度。有鉴于此，现代医学修正了一些传统观点，认为轻度老年痴呆是有益于心理健康的，起码不至于让人纠缠于一些不堪的过往。

值得一提的是，现代心理学有种技能即深度催眠疗法。这种疗法具有激活记忆的功能，正因如此，它成也萧何，败也萧何：对于一个潜意识受创的人，深度催眠疗法可以通过激活愉快记忆来修复潜意识创伤；对于一个潜意识稳定的人，深度催眠疗法却可能激活不愉快的记忆而让人心智大乱。所以，深度催眠既可治病，也可制病。

可见，记忆与回忆是两码事，不可同日而语。随意就能想起来，这叫回忆；需要特定场景激活才能想起来，这叫记忆。

（二）

　　回忆让人理清思路,记忆却让人落下心底那一滴泪水。

　　回首往事,就像放电影一样,一幕又一幕,连绵不断,经久不息。老年人之所以容易回忆,原因大抵在于老了,有时间了,可以借助回忆来厘清往事,从而重新回味生命中的主旋律,就像经历二万五千里长征——过程中只顾着披荆斩棘,停顿下来后才有时间来回味人生。

　　记忆却没有这么多套路,也没有这么多理性。不知道何时何地,记忆就突然闪现出来了,而且画面闪现得那么鲜活而短暂,就像电影中的某一个片段突然定格,让人猝不及防,却撼人心扉。

　　回忆既往,人会更加成熟而稳重。然而一旦被记忆击中,感情的大堤却可能顷刻崩溃。

　　经历过生离死别的人,一旦再次碰到生离死别的场面,就很容易瞬间记忆激活、顿足捶胸。写出传世名作《红楼梦》的曹雪芹,经历了多少生离死别,才会在《红楼梦》里一再让读者如鲠在喉呢？难怪乎曹雪芹一声长叹:满纸荒唐言,一把辛酸泪;皆言作者痴,谁解其中味!

　　感受过彻骨的失恋之痛的人,一旦再次看到唯美的爱情画面或残缺的爱情故事时,就很容易陷入不可言喻的爱恨情仇之中。苏轼写出"十年生死两茫茫,不思量,自难忘"的词句,不就是"昨夜幽梦忽还乡,小轩窗,正梳妆"激发出来的泪流满面吗？

　　遭遇过战争苦痛的人,一旦再次感受到战争阴霾,就很容易从心底迸发出无名的绝望的怒火。《第一滴血》中的兰博从越南战场回来,本想安心度日,却被一个不地道的警察激发出了比战争还可怕的怒火,血战山

林，流下第一滴向社会怒吼的鲜血。

不得不说，记忆来自生活，却远远高于生活：有生活就有回忆，然而有故事的人才有记忆。每个人都有回忆，却不是每个人都有记忆。

（三）

人不惧怕回忆，人却惧怕记忆。

回忆就像一首歌，或浅吟，或低唱，或下里巴人，或阳春白雪，尽可按照生活的主旋律来，或者添上自己的情感色彩。就像一部小说，写作的时候采用后现代主义手法还是古典手法，每个人有每个人的想法，大可以按照自己的意愿来谱写自己的旋律！

记忆就是一滴泪，一滴深藏心底的泪水，如果不是遇到惊鸿一瞥或灵光一现，绝不轻易滴落下来。一滴记忆的泪水落下来，到底需要多长时间？也许是不经意的一瞬间，也许需要一辈子！

谈起回忆，我们可以侃侃而谈；谈起记忆，我们却常常戛然无声。

"把情感收藏起来，让回忆留下空白，忘了曾经拥有的未来，永远永远不再说爱"，曾经的歌手郑智化如此唱道。这其实不是逃避回忆，而是逃避记忆。

不是不愿意记忆，只是不愿触碰心底最柔软的那一个角落。

想起禅宗二祖慧可，他真是一个真正勇敢的人：秉承达摩老祖的衣钵后，慧可没有选择隐退山林修禅，而是选择妓院和酒肆作为自己的修禅之地，因为他深深知道，妓院和酒肆是对人心性干扰最大的两个地方，只有在这两个地方修行到心静如水，才敢放言：行至任何地方都能心静如水。

逃避解决不了问题，退缩也不是最好的办法。与其逃避记忆的煎熬，

不如投入更加炼狱一般的生活。

地藏王菩萨说:地狱不空,誓不成佛! 我们终究成不了佛,但我们可以做一个不惧记忆的平凡人!

作死作死，不作不死

（一）

站在情感的角度，人生来就是虚伪的。

一个襁褓中的婴儿，看到母亲忙着做家务而不能照顾自己，哇哇大哭。母亲大惊，急忙过来抱起婴儿，边亲边哄：宝贝别哭，宝贝别哭。婴儿反倒哭得更响，他心里明白：哭得越响，母亲就会抱得越紧。

显然，这种哭声并不意味着痛苦，反倒是一种情感上"欺骗"成功的胜利宣言！

究其实，这种情感上"欺骗"的故事贯穿了很多人的一辈子。

都说会哭的孩子有奶吃，这话不无道理。从出生的第一天起，善于情感"欺骗"的孩子就占了上风。长大一些，那些捣蛋的孩子也更能吸引大人的关注，反倒是乖巧省事的孩子让大人不烦神，自己却少了许多关爱。

只是，随着年龄的增大，这种情感上的"欺骗"慢慢地演变成了一种处世哲学。

一阵风吹过。哲学家说：一叶落而知秋。诗人说：我不知道风是在哪一个风向吹。商人说：秋凉了，该囤积秋冬服装了。唯独一个孩子说：风来风去，关我屁事！

显然，孩子的话是最真实的，但也是最不讨巧的。

见人说人话，见鬼说鬼话。这不仅是一种"欺骗"，更是一种"自我欺骗"。

（二）

说起来，这世上最不靠谱的东西就是情感。情感不仅虚伪，而且做作。

放眼今天的微信朋友圈，做作的痴男怨女比比皆是。

曾几何时，钱锺书的夫人杨绛去世了。一些人如丧考妣，在朋友圈痛哭流涕，就像自己的亲人去世了。

这种情感看起来像尊重先贤，究其实是借助杨绛先生来蹭传统文化的热度。就像一个土瘪三，捧本《论语》就能证明自己有文化吗？

试问，有多少人真正了解杨绛呢？有多少人真正了解传统文化呢？一些连父母生日都不知道的人，一些热衷于情人节而一年回不了一趟老家的人，有什么资格缅怀杨绛先生呢？

更有甚者，一些人扛着弗洛伊德的理论大谈特谈前世今生，或者扛着孔孟之道大谈特谈乾坤经纶。殊不知，弗洛伊德也好，孔孟之道也好，核心都在于实打实地问道，而不是夸夸其谈地纠结于过去。

爱因斯坦批判弗洛伊德：我只想知道未来，而不想纠结于过去。毫无疑问，爱因斯坦是真正的心理学家。

"作"，是现代人的一个通病。作死作死，不作不死。

（三）

专家流行的年代，让一些人更有了作的理由。

一个孩子感冒了，父母赶紧请假不上学。孩子很快就明白了一个道理：如果以后不想上学，假装感冒就行了。

孩子毕竟是单纯的。成人不会玩如此简单的把戏。

169

自从一些所谓的心理学家抛出安全感这个名词以来，很多人如获至宝，终于有了退缩和逃避的理由——安全感缺失。

事实上，最有资格谈安全感的是原始人，而不是现代人。

原始人可以随便找出一箩筐的理由来证实安全感的缺乏：食物的匮乏、虎狼的侵袭、恶劣的气候……

但是，原始人是没有时间感叹安全感的，他们在忙着生存！

生存问题解决了，生活富足了，安全感反倒成了一些人挂在嘴边的名词，这是不是让人有些啼笑皆非？

所谓的安全感，不无骗人或自欺欺人的味道。一些所谓的专家，其实是故弄玄虚的"砖家"。

不愿意面对，却搬出安全感来做借口，现代人真是把情感的游戏玩到炉火纯青的地步了！

想想看，大踏步迎着太阳向前走的人，怎么会顾及身后的阴影呢？

我是流氓我怕谁

（一）

这年头,说谁是专家就像是骂人,很容易联想到"专门骗大家";说谁是老实人更像是骂人,很容易让人联想到"人善被人欺,马善被人骑"。

不得不说,社会发展得太快,好多名词还没来得及消化就变了味!

以前喊同志,人家笑嘻嘻的;现在喊同志,准得挨大耳光,因为同志成了某种特殊性偏好的代名词。

以前喊小姐,人家面若桃花;现在喊小姐,必遭横眉冷对,因为小姐称谓很容易让人联想到旧时的"窑姐"。

以前学雷锋,大街上老太太都不够用,孩子们都不够搀扶的;现在躺在地上也没人敢搀扶,因为多半是碰瓷。

这样的事情多了,让人无所适从,实在是苦了教书育人的老师。

"我在马路边,捡到一分钱",这首歌老师教导学生唱了几十年,琅琅上口,足足影响了两代人。然而现在再来教学生,孩子们会把老师当场"噎死":"我从来没有见过一分钱,现在都是一元的硬币,怎么捡?"

心理学家说,人是有社会属性的动物。只是,社会属性在当下越来越让人糊涂!

（二）

一个农村的娃娃,从小聪明伶俐,家里视若珍宝,不惜牺牲两个姐姐的前途供他上学,砸锅卖铁也要将他培养成才。

"两耳不闻窗外事,一心只读圣贤书",这很快成了小男孩一辈子的

真实写照。

小男孩如愿上了大学,成了村里第一名大学生,家里欢欣鼓舞,直觉祖坟在冒青烟。

大学毕业后,小男孩成了小伙子,如愿供职于省职机关一岗位。左邻右舍听说后,对小伙子的父母肃然起敬,村主任是他们以前见过的最大的官,在省长身边工作那该是多大的官!

小伙子成了一家乃至一村人的最大靠山,但凡碰上经济困难,大家都会想到求助于政府。现在,两个姐姐盖新房首先就想到发达的弟弟。

事实上,小伙子工资微薄,经济拮据,哪能承受如此厚望,特别是愧疚于父母与两个姐姐的养育之恩,又无以为报。思前想后,寝食难安。

终于,在一个凄风凄雨的凌晨,小伙子从单位的楼顶纵身跳下,以一种极其不情愿的方式魂归故里。

(三)

教育的本质在于提升自我,更在于适应社会。

八股文被历史抛弃的时候,我们就应该想到八股文式的教育方式终将带来难以弥补的缺陷。

"书中自有颜如玉,书中自有黄金屋",这样的坚持很难在今天成功。

有才不如有财,木讷单纯不如口若悬河,这不是历史的退步,而是给我们的教育敲了一记重重的警钟!

除了知识这一条腿,我们还应该有另外一条适应社会的腿,这样才能站得更稳更牢。

仰望星空是一种境界,踩实脚下的土地却是根本。

社会是个大染缸,三教九流,鱼龙混杂,装清高根本改变不了社会本身,还不如投身社会熔炉,经历一番别具风味的修炼。

对付一个流氓,可以找一个比他更流氓的人;对付一个奸商,可以找一个比他更奸的商人;对付一个杀人犯,可以找一个比他更心狠手辣的杀人犯!

所以,知识层面我们可以清高,社会层面则不妨大声喊一句:我是流氓我怕谁!

（四）

从小,我们大声念:人之初,性本善。长大了,听得最多的倒是:画虎画皮难画骨,知人知面不知心。

据说,半佛半魔是参佛的最高境界:不知生哪知死,不知魔怎成佛?

追求成为一个纯粹的好人,这是不可能,也是不值得追求的。

人要有一点坏,才能成为大好人。事实上,我们往往不是不够好,而是不会坏。

不能不提章士钊:曾任"中华民国"北洋政府段祺瑞政府司法总长兼教育总长,"中华民国"国民政府国民参政会参政员,中华人民共和国全国人大常委会委员,全国政协常委,中央文史研究馆馆长。

这样的经历让人叹为观止:一个人竟然能在不同的政治环境中左右逢源。

查阅典籍,有两件事情特别有启发价值:

有段时间,章士钊非常失落,身在上海滩,却没有什么生意。

杜月笙知道了之后,亲自聘请他为私人律师,一个月就给500块

的薪资。杜月笙重金聘请律师的消息在上海不胫而走,很快,章士钊的律师所事务所生意爆满,多的时候手下有律师20人,每月的收入过万。章士钊曾经打趣自己:我现在就是吃流氓饭。这是一种自嘲,却也是一种峰回路转的豁达。

1932年10月,陈独秀等人在上海被国民党政府逮捕,他自动站出来为陈辩护,请求法庭宣布陈无罪。其"辩论状"着力阐述政府应当容忍不同政党之理论,文气逼人,震动法庭,中外报纸竞相登载。

两件事情,一正一邪,亦正亦邪,真是达到了半佛半魔的境界!

生活就是这样:一半是佛,一半是魔!

一念而从善,一念而从恶;一念而成佛,一念而成魔。

菩提无树,明镜非台

(一)

一个十岁的男孩,突然看到早起的太阳,不禁呆住了:太阳竟然这么美啊! 等他回过神来,才想起上学的事情,急匆匆赶到学校,老师劈头盖脸一顿训:怎么又迟到了? 小男孩低下头,吭都不敢吭。

第二天早上,小男孩又看到了早起的太阳,他发了会儿呆,叹了口气,急匆匆赶到学校,正好上课铃声响起。小男孩笑了笑:还好,没迟到!

太阳还是那个太阳,孩子还是那个孩子,只是,这孩子再也不敢在上学的路上对着太阳发呆了。

另有一个小男孩,也会对着自然界发呆。

他对大自然里发生的事情特别好奇。不论是水里的游鱼、空中的飞鸟还是花丛中的蝴蝶……他经常对着这些景象发呆,甚至一发呆就是一天。

一天,他在大路边,发现一群蚂蚁在搬运一只死苍蝇。蚂蚁们像在紧张地从事一项巨大工程,有的拼命拉,有的调兵遣将,有的传递信息……他被吸引住了,趴在路边,一动不动地观察蚂蚁们的行动。下地劳动的人们从他身边走过,看见他趴在那儿;他们结束劳动回家时,他还趴在那儿。人们都说:这孩子趴这儿发呆一天,莫非是个傻子?

就是这个常常发呆甚至有点傻的孩子,长大后成了昆虫之父。他就是法国昆虫学家法布尔。

一个成年人对着天空发呆,我们可能称他为哲学家,比如苏格拉底;

一个孩子对着大地发呆,我们往往觉得他傻,甚至训斥他。

发呆是孩子的天性,也是哲学家的天性。但是,我们常常宽容哲学家的发呆,却不给孩子太多发呆的机会。

未来,需要发呆。现代人,很难有发呆的机会,哪里有未来呢?

(二)

一个小伙子,暗恋一个女孩,情书写了一堆,却迟迟不敢寄出去。饱受两年相思之苦,小伙子终于鼓足了勇气,递纸条给女孩,约在晚上大操场槐树下见面。

女孩如期而至。见到心中的女神,小伙子竟然涨红了脸,抓耳挠腮,结结巴巴说不出一句完整的话。女孩急了:"如果没有什么事,我走了。"小伙子使劲拽着上衣的衣角,大脑一片空白,眼睁睁地看着女孩甩着长发飘然而去。

小伙子不明白,为什么就开不了口呢?心里恋她千万遍,见到真人了为什么就开不了口呢?

20世纪80年代有首歌曲,也许能解答小伙子的疑惑。这首歌曲叫《爱你在心口难开》:爱你在心口难开,我不知道应该说些什么……

爱到骨子里,往往就开不了口。就像面对一幅漂亮的山水画,除了静静欣赏,用什么言辞都难以表达自己的内心。

每个女孩都是纯洁的天使,究其实,每个男孩都曾经是纯洁的王子。女人是水做的,男人也不是生来就是泥。

情窦初开的男孩,一旦爱上一个人,特别是爱到骨子里,除了心里翻江倒海,很难有第二种表达方法。然而,女人是听觉动物,女人们普遍喜

欢男人的甜言蜜语,或者说女人们普遍喜欢听觉上的爱的表达。

男孩终有一天会醒悟过来:再也不能等到爱你在心口难开的程度,有了一丝懵懂的感觉就得说出来,至于结局如何,听天由命吧。

现在有人呼吁"有爱就得说出来",这其实是错的,还不如说"有感觉就得说出来,真等到产生爱的感觉了就开不了口了"。

世界就是这样充满悖论:真爱,往往说不出来;说出来的,其实只是一种懵懂的感觉。

在爱情问题上,女人常常骂男人口是心非,这其实是不公平的。女人们很少想过:如果不是女人愿意听那些甜言蜜语,哪个男人愿意讲呢?

当大家把爱情拿到桌面上大张旗鼓地谈论时,哪里会有纯洁的爱情呢?

(三)

现在这社会,实在是太吵闹了,吵闹得让人摸不着北。

没有保健专家的年代,人们日出而作,日落而息,一点保健意识都没有,反倒活得神清气爽。现在保健专家漫山遍野,人们活得提心吊胆;养生讲座铺天盖地,听众听得战战兢兢。这到底是保健还是恐吓? 这到底是养生还是诛心?

一个不知名的老太太,活了 104 岁,依然每天一包烟、二两酒。旁人好心相劝:难道没有医生劝你戒烟戒酒吗? 老太太答道:当然有了。旁人再劝:你为什么不听从医生的忠言呢? 老太太叹了口气:劝我戒烟戒酒的医生都已经死在我前面了!

一个全国著名的养生专家,成天道骨仙风,四处云游,普度众生,粉丝云集。然而，大师在 57 岁"高龄"突然驾鹤西去，粉丝们无不扼腕叹息：可惜了，可惜了，世上再无如此伟大的养生专家了。

类似的故事在生活里天天上演。

那些大讲特讲爱情理论的专家，常常是离婚一遍又一遍。难道说爱情这东西，不入地狱，难成正果吗？

事实上，真正爱情甜蜜的人，哪有时间来浪费口舌呢？想想吧，情人节晚上写诗的人，你相信他有情人吗？

那些大讲特讲成功理论的专家，常常是事业失败了转行讲师。真正埋首事业的人，哪有心情去胡吹海侃呢？

这就是生活，吵吵闹闹的生活，越吵闹越让人糊涂。

生活需要发呆，需要沉默，真是不可说，不可说，一说就错。

第六章　人间正道是沧桑

　　道理懂得越多的人,越不敢轻易讲道理。不是不愿讲,而是讲多了反倒不好。

　　比如,聪明的男人都知道,最好不要和自己的女人讲道理,因为讲到最后就是"秀才遇到兵,有理说不清"。在这个问题上,胡适先生就很清醒,他提倡新"三从四德":太太出门要跟从,太太命令要服从,太太讲错话要盲从;太太化妆要等得,太太生日要记得,打骂要忍得,花钱要舍得。显然,这"三从四德"看起来就很没有道理,但是感情的事情哪有这么多道理可讲呢?

　　理性的道理与感性的情缘,二者常常是"一山不容二虎"。接纳一个人,核心在于接纳一个人的缺点;包容一个人,关键在于包容一个人的不足。说白了,这就是最大的道理。在此原则之下,男女之间一些看起来不成道理的东西就合情合理了。

　　男女之间有太多的故事,似乎也有太多的道理。随便抓一个情感专家,他连草稿都不用准备就能随口掏出一大堆诸如恩爱、体谅、理解之类的道理。翻开杂志,打开电视,充斥眼球的都是这样那样的鸡汤式的道理。殊不知,高谈阔论爱情道理的那些"专家",有几个没有离婚呢?

　　这可真是让人啼笑皆非! 难道说,这些"专家"是拿自己"现身说法"

或"事后诸葛亮"吗？都说"专家"是专门骗大家,这句话倒是很有道理。

一言以蔽之,感情没有那么复杂,生活不需要太多的道理,最伤害感情最伤害生活的往往就是这样那样的道理!

几年前,美国有位学者来到我国陕西大山里考察生活,寄居在一户老两口的家庭,在一起生活了几个月后,这位学者感觉自己的三观都被颠覆了,因为他发现老两口的生活里根本就看不到书本上的道理:老太太蛮横,无理,简单,粗暴……似乎一切伤害感情的贬义词都能用到老太太身上,然而,老头依然成天乐呵呵的,丝毫没有抛弃老太太的感觉。美国人实在看不懂,想探究一下老头的感受。老头淡淡一笑:早就习惯了,只要她不生病,她就是这样的。这位美国学者终于懂了:原来,最稳定的感情是不讲道理的,一句"习惯了"就是最大的道理!

太讲道理,生活难免就失去了真实性。男女之间的那点事是如此,亲子关系更是如此。

现如今善于讲道理的父母是越来越多了。懂文化的和不懂文化的,倘若不抓住一切机会给孩子讲道理,似乎就觉得教育上"失职"。

然而,千万别忽视了这样一个事实:文盲占据主流的年代,鲜有讲道理的父母,孩子却普遍心理健康;社会进步了,父母都懂得讲道理了,孩子却出现这样那样的心理问题!

不是说讲道理就让孩子心理出现问题。显然,这里面隐藏着一个秘密:心理健康不是靠讲道理就能得到的,即便是讲道理,也要惜开尊口。俗话说,好话说十遍就成了废话。过于讲道理,其本质是一种教育焦虑。

周星驰主演的电影《大话西游》里,唐僧就是因为在讲道理这个问题上太啰唆,被孙悟空一记金箍棒干到九霄云外。可见,道理讲多了,孩子

180

也是会厌烦的。

就像男女那点事一样,亲子之间最大的道理也是"不讲道理"。古人云:身教重于言传。谚语云:龙生龙,凤生凤,老鼠的儿子会打洞。这些都是明白无误地诠释无声胜有声的教育理念。

宋朝一位宰相,天不亮就上朝,深夜才回家,几十年如一日。一天,夫人责怪他:"你早上离开家,儿子还没起来;深夜回家时,儿子已经睡了,难道你不能抽一点时间教育下孩子吗?"宰相笑曰:"我何尝没有教育儿子?我天天在教育他啊,我如此勤勉,这难道不是对孩子最好的榜样教育吗?"

多么鲜活的案例!原来,教育最大的理念是做好自己,以身教的无声力量潜移默化地影响孩子,而不是讲那些空洞无力的所谓道理。

最不能等待的事情

（一）

最不能等待的事情是什么？绝大多数人的第一反应是机会。古语云：机不可失，失不再来。《机会》杂志董事长亨利·肯德里也是这么认为的。

《机会》杂志在意大利的米兰创刊时，为了能一炮打响，董事长亨利·肯德里提议，让比尔·盖茨写发刊词。

他先给盖茨写了一封信，说："众所周知，您没等到大学毕业，就去创业了。今天您所拥有的财富证明，您是世界上最善于捕捉机会的人，也是普天之下对机会最有认识的人。经反复商榷，《机会》杂志社认为，题写该刊发刊词的最佳人选，非您莫属。敬请拨冗赐教，不胜荣幸。"

信发出之后，石沉大海。亨利·肯德里想，《机会》杂志创刊在即，不能坐以待毙，于是派记者前往旧金山，登门讨教。经过跟踪和堵截，比尔·盖茨答应，在纽约开往内罗比的飞机上，可接受短时间的采访。

为了确保比尔·盖茨说出"机会"这个词，记者提前草拟了问题：你认为，最不能等待的事是什么？

采访开始了，为缓和气氛，记者首先来了一段简短的开场白："这次您刚忙完盖茨夫人（比尔·盖茨的母亲）的葬礼，就前往非洲参加艾滋病研究中心的捐赠仪式，着实令人敬佩！下面我冒昧问一个问题，希望能得到您的答复。"说着，把采访本上的一张纸撕下来，递了过去。

比尔·盖茨注视着那张纸，微笑着，说："我不知道世人对这个问题是

怎么看的,根据我自己的经验,我认为最不能等待的事是孝顺。也许我的回答令你非常失望,但是,既然接受采访的是一位刚刚失去母亲的人,我相信这种回答是最诚实的。"

谁也没有想到比尔·盖茨会这样回答,包括他身边的众多记者。所有人都希望听到"机会"这个答复,但万万没有想到,世界首富比尔·盖茨竟然认为:最不能等待的事情是孝顺!

(二)

无疑,比尔·盖茨有一个让人怀念的母亲。无独有偶,孔子也有一个伟大的母亲。

孔子的父亲叔梁纥有正妻施氏,生了九个女儿却没有一个儿子,小妾为他生了长子孟皮,孟皮有足疾(小儿麻痹症),叔梁纥很不满意。于是叔梁纥请求颜氏让她三个女儿之中的一个立为妾,颜氏念叔梁纥年老且性情急躁,于是征求三个女儿的意见。长女和次女都不同意,只有小女儿颜徵在愿嫁叔梁纥。

颜徵在时年不满二十岁,而叔梁纥已经六十六岁,年龄相差悬殊,为婚于礼不合,于是在尼丘山居住并且怀孕,生下孔子。

父亲在孔子三岁的时候就去世了,母亲不到二十岁便孤身一人。父亲本来就有一妻一妾,他在世时母子二人还能受到保护。如今父亲去世,家里的正室夫人手握着大权。当时母亲也知道,这个家已经为她和儿子所不容。所以母亲带着孔子离开了那个地方,她要让自己的孩子有尊严地活着。

但是,在如此贫困和处处白眼的环境中长大的孔子,却并没有因为这

183

些而变的孤僻和自卑，反而他从小就立上了明确的志向，这一切都要归功于他那位坚强的母亲。

从原穷乡僻壤迁到了都城，这是孔子的母亲这一生做过最正确的一件事，因为就是在这个地方，孔子迈出了走向成功的第一步。

鲁国的国都素有礼仪之邦的称号，孔子七岁那年在鲁国观赏到了当时一段保存比较好的周代的乐曲。看完之后他大声惊叹这是他看过最棒的舞蹈。鲁国人都勤奋好学，学习就像栽花种树一样平常。在浓郁的学习氛围中成长起来的孔子自然也成了一个热爱学习、遵礼守法的人。孔子的母亲看着自己如此聪明可爱的儿子，暗暗下定决心，一定要把他培养成一个有用的人。

之后的时光里，孔子的母亲经常带他去增长见闻。天长日久之后，还是孩子的孔子就把自己所看到的一切都记在了心里。

这一路走来，所经历的一切让他知道只有知识才能让自己的命运得以改变。也正是有了这一份经历，才能让他在日后说出"三人行，必有吾师焉"这种话。

后来孔子的母亲在他十七岁那年因病去世了，孔子没有像常人那样马上就把母亲的灵柩下葬，因为他认为只有将父亲和母亲合葬才算是为人儿女的尽了孝道。功夫不负有心人，在他四处打听之后终于把母亲的灵柩迁到防山，与父亲完成了合葬。

有感于母亲的养育之恩，孔子的内心与比尔·盖茨不谋而合，他终于在中华历史乃至世界史上第一个喊出了"百善孝为先"的口号。

（三）

孔子对孝道的论述在《论语》中集中在《为政篇》和《里仁篇》，摘录

如下:

　　孟懿子问孝。子曰:"无违。"樊迟御,子告之曰:"孟孙问孝于我,我对曰:'无违。'"樊迟曰:"何谓也?"子曰:"生,事之以礼;死,葬之以礼,祭之以礼。"

　　孟武伯问孝。子曰:"父母唯其疾之忧。"

　　子游问孝。子曰:"今之孝者,是谓能养。至于犬马,皆能有养;不敬,何以别乎?"

　　子夏问孝。子曰:"色难。有事,弟子服其劳;有酒食,先生馔。曾是以为孝乎?"

　　子曰:"事父母几谏,见志不从,又敬不违,劳而不怨。"

　　子曰:"父母在,不远游,游必有方。"

　　子曰:"三年无改于父之道,可谓孝矣。"

　　子曰:"父母之年,不可不知也。一则以喜,一则以惧。"

从孔子对孝道的论述中,孝道可分为四个方面:养亲、敬亲、安亲和祭亲。

行孝最基本的要求就是子女对父母的物质奉养,这是孝道的底线。如果连养亲这一点也做不到,丝毫不问父母的事,任由双亲挨冻受饿,那就是千人骂、万人唾的忤逆不孝之子,禽兽不如。这种连生他养他的父母都不孝的人,别指望他对别人会有什么真情!

但是孔子眼中的孝并没有停留在物质的奉养上,他认为仅是物质上的奉养是远远不够的,还得在感情上对父母表示真诚的尊敬和爱戴。

"今之孝者,是谓能养。至于犬马,皆能有养;不敬,何以别乎?"就是说如果对父母在感情上不尊敬和爱戴的话,仅是物质上的奉养,又与养犬

马有什么区别呢？现在有些人就是这样，动辄就给父母脸色看，极不耐烦，或者高声大气、又吵又闹，或者长时间不见父母面，没有情感上的交流，根本就做不到敬亲。

孔子认为养亲易，敬亲难。"色难"说的就是子女侍奉父母，能够经常和颜悦色是件很难的事。"事父母几谏，见志不从，又敬不违，劳而不怨。"对于父母的不是，孔子认为应该婉转地规劝，如果父母没有听从意思，仍然应当恭敬奉养，不要冒犯他们，尽管内心忧虑，对父母却并不怨恨。"父在观其志，父没观其行，三年无改于父之道，可谓孝矣。"孔子还要求子女在父母生前按照父母的意愿行事，在父母死后继承他们的遗志。

父母对子女的爱是从血液中流淌出来的，是最无私的。其实很多时候，父母并不要求儿女为他们做些什么，只要儿女平平安安，一切顺利，不给他们添心事，惹麻烦，他们就非常满意了。"父母在，不远游，游必有方。""父母唯其疾之忧。"这就是老夫子眼中的安养。

"死，葬之以礼，祭之以礼。"这也是孝的一个方面。比如，清明节是中国传统的祭祀节，清明扫墓是中国老百姓生活中的一件大事，浸润着人们对已逝亲人们的无尽的思念和浓浓的亲情，表现了后人永不忘先人们教养之恩的孝道。

时代在发展，观念在更新，孔子的孝道观也许有它的局限性，但是孝道却是中华民族文化的重要组成部分，应该继续发扬光大。

(四)

时下，社会似乎越来越浮躁，无数人都习惯了"水往下流"：恨不得将所有爱都付给子女，溺爱成风，却忘了那些白发苍苍的父母。更有甚者，

"空巢老人""啃老族"等现象的肆虐让曾经的孝道美德变得苍白无力。

乌鸦尚且反哺,羔羊尚且跪乳,难道说,人还不如动物吗?究其实,对于情深似海、恩重于山的养育之情,想回报时常常是"子欲养而亲不在"。

即便有心思回报,扪心自问,又能回报什么呢?很多人觉得,为父母买套房子,或者给父母提供安逸的生活,就是对亲情的回报。殊不知,这是一种狭隘的心理。

如果站在泰山脚下,我们只会觉得自己渺小;如果站在东海之滨,我们只会觉得自己浮浅。常言道,情义无价。养育之情更是无法用言语来衡量。如果认为无价的亲情也可以明明白白地回报的话,那恐怕是对亲情莫大的侮辱!

以前,就有那么多人正儿八经地把《二泉映月》评价得惟妙惟肖,看看吧,真正的音乐大师是怎样评价的。小征泽尔在听了《二泉映月》之后掩面哭泣,他评价说:《二泉映月》只能跪着听。对于无法也不能用言语评价的情感,音乐大师小征泽尔坦白承认除了跪着听,除了掩面哭泣,他不敢妄言。

那么对于情深似海、恩重于山的亲情,除了"掩面哭泣",除了"跪着听",难道说还能像坐在茶馆里一样说出个道道来,或者更不自量力地谈些回报的谬论吗?

不要以为为父母做了那么点事情就叫回报。孔子的孝道观,的的确确给现代社会的很多人甩了一记响亮的耳光。尊敬父母、为父母尽孝心是每个人分内的事情,那是作为一个堂堂正正的人所必须承担的责任。如果将自己必须承担的责任美其名曰对亲情的回报,说出来豪壮动人,以为自己多么伟大,实际上是非常无知而可笑的行径。

生活总是充满了诱惑和懵懂,我们一直在跋涉,一直在追求。追求的背后,我们习惯紧抓机会的脉搏,往往忽视生活的真谛——孝顺,不知道这是生活的沧桑,还是我们的悲哀?

总要到失去的时候才会叹息没有好好珍惜,总要在不经意间忽视生活的真谛。

孝顺本没有多么伟大,它不过是生活中的点点花瓣,它不过是年轮中的滴滴露水。但就在这点点花瓣中,就在这滴滴露水里,生活才真正显其美好和温馨!

想起那首《常回家看看》的歌曲:与其慨叹孝道为先,不如实实在在地常回家看看!

一个都不能少

（一）

七十六岁的父亲,已经有点痴呆了,常常为了几元的菜钱而算上半天,到头来还是不明白怎么少了一毛钱。

父亲还很耳背。有时候对着他耳朵大声说:"一共七个人!"他马上气愤地说:"一起欺负人?"

这种笑话闹得多了,大家对父亲说的话也就不太在乎了。六岁的侄女更是没事的时候就把爷爷当玩具玩。

然而,父亲不是一个可以随意对付的人,比如每次吃饭的时候就特别认真。

饭菜端上桌子,一家人围起桌子坐好。父亲坐在正中间,左看看,右瞅瞅,迟迟不动手。

大家很诧异,难道这里面有间谍?

不一会儿,父亲脸上露出了微笑:"没错没错,一个都不少!"

大家明白了,他在清点人数。一共七个人,他得翻来覆去地清点好几遍,人不到齐他绝不动筷子。

（二）

六岁的侄女每次看到父亲清点人数,咯咯地笑:"爷爷太笨了,总共七个人,数这么久!"

很快,侄女想到了一个简单的办法。

再吃饭的时候,侄女快速地左右瞅瞅,然后大声说:"爷爷,七个人,一

189

个都不少。"

然而，这样也不行，父亲依然要亲自清点一遍。

一天饭前，为了清点人数，侄女和父亲吵了起来。

侄女大声说："爷爷，人齐了，开饭吧。"父亲左顾右盼了一会儿："不对啊，六个人，少一个啊？"

侄女一听，愣了愣，站起来仔细地看了看桌上，喊道："爷爷，七个人啊，你怎么数数也不会了？"

父亲也愣住了，用手依次指着每一个人：1、2、3、4、5、6，明明六个人嘛！

侄女哈哈大笑："爷爷，你没数自己啊！"

父亲瞪着眼睛，看着大家："我没数自己吗？"

侄女还在笑："爷爷，你怎么忘了自己啊！"

父亲看着侄女，不好意思地笑笑："爷爷太笨啦。"

就这样，清点人数成了每天饭前的必备节目。

（三）

一天，侄女帮着摆筷子，摆着摆着，她突然想到了一个好主意。

她把筷子一双一双地摆在桌上，一共七双。

大家上桌了，侄女大声喊道："不要动筷子。"

大家吓了一跳。侄女接着说："让爷爷数筷子去吧。"

大家明白了："这办法省事，比清点人头方便多了。"

这以后，开饭的时间提速了不少。直到有一天，侄女摆筷子的时候多放了一根筷子。这下麻烦了，父亲盯着多出来的筷子犯了愁："这是谁的

筷子,谁少了一根筷子?"

　　大家解释了半天,说这是多出来的一根筷子。父亲听得似懂非懂,依然有点迷茫。没办法,每个人都把自己的一双筷子举起来,就像举手投降一样。父亲看了一圈,笑了笑,总算明白了。

　　经过这次"风波"后,侄女又想出了一个妙招。

　　再开饭的时候,侄女不摆筷子了,而是把一大把筷子都放在桌上,喊爷爷来分发。

　　这个办法真是好。父亲一双一双地发,一双一双地数,数到七就开饭,有条不紊,秩序井然,再也错不了了。

　　大家都表扬侄女,父亲也呵呵地笑。

　　侄女边低头夹菜,边若有所思:"爷爷这么发筷子,感觉像打发一群要饭的。"

　　大家哄堂大笑,父亲脸上更是笑开了花。

只要有爱就有痛

（一）

曾几何时，生养孩子讲究存活率：天灾人祸频发，生活条件太艰苦，不是每一个娃都有生存下来的机会。

所以，那个年代的父母都要多生几个孩子，以做好按比例夭折的准备。就像投掷硬币，正反面都会有五五开的概率。生养孩子也是这样：即便死几个，好歹能存活几个，香火也就得以传承下去。

一对父母，一口气生了五个儿子和五个女儿。没想到，十个孩子一个都没夭折，儿子活得虎头虎脑，女儿长得眉清目秀。

这可苦了这对父母，成天唉声叹气："怎么这么倒霉呢，一个都不死，这一大家人可怎么活呢？"

左邻右舍也是投来同情的眼光："我家幸亏夭折了两个，不然也和他家一样苦命！"

大家伙聚在一起的时候，这对父母不停地吐苦水："怎么就不死两个呢？就这点口粮，一家人都得饿死！"

旁人问："如果能死两个，你们希望哪两个去死？"

老两口愣愣地看着五个儿子和五个女儿，互相对视一眼，擦了擦眼角的泪水，一句话也说不出来。

良久，老头叹了口气说："还是我们两个死了好！"

（二）

病房里来了一个老太太，一个晚期癌症患者。成天，只有一个老头照

顾她,寸步不离地待在病房。

这对老夫妻没有孩子,一辈子都是两人相依相伴走过来的。相守一辈子,眼看老伴就要离开自己了,老头得有多伤心啊。

然而,老头的脸上一点忧伤的表情也看不到。不仅不忧伤,老头似乎还很高兴。医生说:"您老伴估计过不了这个星期了。"他竟然连声说好,没有一点点忧伤的表情。

不到一个星期,一天凌晨,老太太走了。老太太走得很安详,一直到死,她都握着老头的手。

把老太太的尸体安置好,老头来向医生告别。医生安慰他:"老人家,人终有一死,您老伴去了,您一定要想开些,多保重身体。"

没想到,老头回答道:"她走了,我很高兴,大夫,谢谢你们的关心。"

老伴走了还能高兴?所有人都满脸疑惑地看着老头。

老头叹口气说:"大夫,其实我也快走了,我的肝硬化很严重,说不定哪天就走了。我一直担心比老伴走得快。如果我先走了,谁来照顾她?到她走的时候谁来送她?现在她比我先走,我很高兴,我能够照顾她走比什么都好。"

老头没再说什么,头也不回地走了,两行泪水从他的脸上滑落下来。

(三)

几千年的传统里,老人的丧事也被称作喜丧。

喜丧一说,一般指老人活到高寿才死,正所谓寿终正寝。然而,喜丧还有另外一种解释。

自然灾害年代,吃一顿肉绝对是奢侈的事情,一般只能在春节时实

现:大年初一,准备好一碗肉,但是绝对不能动筷子。客人来了也很自觉,也绝对不会动这碗肉。所有客人都来过了,一家人才能动筷子吃这碗肉。

然而,一旦有人去世,奔丧的客人就有机会吃肉了:丧事的宴席上,一碗肉刚端上来,四面八方的筷子就会直冲过来,不到五秒钟,就剩下一只空碗。

一个患有重症的孩子,病快快地躺在床上,眼神无光,静静地等待死神的到来。

父母绝望地看着孩子:"儿子,你想吃点什么?"孩子艰难地张了张口:"我想吃肉。"

父母的眼神顿时黯淡了下来,对视了一眼,低下了头。

好长一段时间,父亲抬起头来,两眼放光:"想起来了,隔壁王大爷快死了,太好了,王大爷死了就有肉吃了。"

可惜,王大爷迟迟不死。父母每天在家祈祷:王大爷啊,您积点阴德,快点去极乐世界吧!

一直等到孩子断气,王大爷都没死。孩子断气的第二天,王大爷也断了气。

父母号啕大哭:儿子啊,儿子啊,你不要怪我们狠心啊,你不要怪我们狠心啊。

三天后,孩子葬在山腰,王大爷葬在山头。凄风凄雨,冷月无声。

那些卑微的亲情

（一）

那年的夏天，天气格外炎热。其时，父亲得了肾癌，准备做肾切除术。

坐在病房的父亲一点也不焦躁，淡淡地说："我们去吃晚饭吧。"

我与父亲下楼，来到大街上。我问父亲："想吃点啥?"父亲依然淡淡地说："随你，我们就这样走走也挺好!"

我们漫无目的地在街上走了半个小时，直到看到一个类似西餐厅的酒店，然后走了进去。

父亲一辈子没进过西餐厅，更没有拿过刀叉吃饭，看着眼前的刀叉，笑了笑："我还是用筷子吧。"

菜单来了。父亲翻了翻，递给我："看不懂，你简单点两个吧。"

父亲吃得狼吞虎咽，肉丸吃得不剩一点渣，米饭吃得不剩一粒米，鱼汤连续喝了两碗。

父亲打了个嗝，看着我，不好意思地笑了笑："其他都吃完了，就这点鱼汤实在喝不完了。"

良久，父亲悠悠地叹了口气："鱼肉不在，鱼味尚存!"

（二）

手术做了一上午。直到傍晚，父亲才从麻醉中微醒过来。那一年，他六十八岁了，身体很难抵抗全身麻醉和肾切除的摧残。

父亲吃力地睁开眼睛，愣愣地看了一眼我们姐弟三人，努力张了张嘴，微弱地说："快给你娘打个电话，快给你娘打个电话。"

　　我们顿时明白了，父亲叫我们赶紧给母亲报平安，以免母亲一个人在老家担心。

　　父亲听着我们打完电话，痛苦地动了动身子，闭上眼，又迷迷糊糊地睡去了。

　　那一晚，父亲睡得非常不安宁。到了后半夜，麻醉药劲结束了，父亲不停地痛苦呻吟，一会儿躺下，一会儿坐起，怎么也睡不着。

　　医生过来补用了一点药，也不见效。

　　父亲不停地喃喃自语，但是我们完全听不懂他在说什么。

　　一直到深夜三点，父亲还在痛苦地挣扎。就在那一刻，我突然听到父亲喊了一声"娘"。

　　我凑上前去，搂着半靠在床头的父亲，用手抚摸着父亲的头，轻轻地对着他的耳朵说了声："儿啊，睡吧。"

　　父亲突然就停止了挣扎，也停止了痛苦的呻吟，不到一分钟，平静而安稳地睡着了，一觉睡到第二天天亮。

　　父亲九岁就没了娘，我知道，他在那一刻想到了自己的娘。

（三）

　　父亲奇迹般痊愈了，出院回家后五年没再癌症复发。

　　医生说："这是个奇迹。"父亲只是淡淡地笑了笑。

　　突然有一天，父亲操心起墓地的事情来。他对母亲说："我们进山里面走走，看能不能找到一块合适的墓地。"

　　母亲说："你的病都好了，还操心什么墓地？之前也没见你操心过墓地。"

父亲笑了笑:"我们还是去看看吧。"

父亲带着母亲,吃完饭就进山,天黑了才回家,在山里面转悠了接近一个月,终于觅到了一块非常满意的墓地——交了钱,把一大块墓地买了下来。

母亲说:"这么一大块墓地,葬一家人都没问题!"

父亲失神地看着这块墓地,好像没听到母亲的话,喃喃地说:"改天,我来砌上院墙,把它围起来。"

父亲说干就干,花了几天时间,砌上一米高的院墙,把墓地围了起来。

父亲重重地吁了口气,坐在院墙上,对着母亲说:"哪天把我娘的坟迁到这里来,她的坟太远了,一个人在那边孤孤单单的,迁过来吧,我们死后就和她葬在一起。"

(四)

自从墓地弄好后,父亲就像完成了一件壮举,时不时地去那边转转。

一天傍晚,我出差路过老家。吃完晚饭,父亲高兴地和我聊家常。

父亲那天晚上兴致非常高,一口气和我聊了两个多小时,直到他听到我打哈欠。

父亲歉意地笑了笑:"你这几天出差累了,不聊了。"说完,父亲站起来说:"你坐着,我去给你准备洗脚水。"

七十五岁的父亲颤悠悠地站起来,慢慢地来到厨房,拿起水瓶,把开水倒在脚盆里,又接了两瓢凉水倒在脚盆里,边倒边用手摸水温。感觉水温合适了,把脚盆端到堂屋里。

父亲转身去拿擦脚布,说:"你先泡脚,你先泡脚,我一会儿给你擦。"

拿来擦脚布,父亲坐在我身边看我泡脚。看着看着,父亲突然笑着说:"我跟你一起泡脚吧。"

也不等我同意,父亲快速地褪下袜子,把双脚放在小小的脚盆里,与我的双脚挤在一起。

父亲乐呵呵地弯下腰,用洗脚布洗会儿我的脚,又洗会儿自己的脚。感觉水凉了,父亲把洗脚布拧干,把我的脚拿起来擦干,然后擦干自己的脚。

做完这一切,父亲高兴地说:"上床睡吧。"

那一晚,父亲睡得特别香。没多久,我听到他在隔壁房间鼾声如雷。

天使的翅膀

（一）

如果这世上有天使,她一定是一个小女孩,而且是一个不知名的小女孩。那年的春天,我就碰到了这样的小女孩。

在我六岁那年,母亲突然患了精神病,父亲带着母亲外出求医。远方的姑妈将我接到城里,与他们生活在一起。

第一次来到城里,我内向而拘束,抓着衣角低着头靠在门边。姑妈看了看我:"哎! 可怜的孩子! 到上学年龄了,不能不上学啊!"

第二天,姑妈领着我来到单位的厂矿小学,交给老师,叮嘱了几句,就回去上班了。

老师将我带到教室,同学们都用异样的眼光看着我这个一身土气的乡下孩子。老师说:"这是新来的同学,母亲生病了,他一个人从老家来到我们这上学,谁愿意和他坐一块?"

我低着头,脸涨得通红,直到听到一个小女孩的声音:"老师,跟我坐一块吧。"

这个小女孩成了我的同桌。整个上午,她都没理我,到了课间休息时间,她就冲出教室嬉戏打闹去了,留下我一个人趴在桌上发呆。

下午,我刚到教室,小女孩就来了。她快速地打开书包,掏出一支削好的铅笔,对我说:"送给你。"她又看了看我的书包,愣了愣,打开自己的文具盒,拿出橡皮擦,掰成两半,递给我一半:"这个也送给你。"

渐渐地,小女孩开始跟我聊起天来:"你家在哪儿""你爸妈去哪儿

了""你在家都玩什么"……到了课间休息时间，她一把拽住我的手："走，带你去玩。"

小女孩带了我径直往学校后面的小山上跑。来到半山腰，她轻轻地拨开草丛，里面藏着一只鸟笼，笼里有只小鸡。小女孩一边从口袋里掏米粒喂鸡，一边对我说："不要告诉别人啊。"

这以后，我俩每天都偷跑到山上喂鸡，直到有一天，当我们拨开草丛时，发现小鸡死了。小女孩当时就哭了，擦了擦眼泪，一句话都没说，呆呆地站了会儿，默默地回到教室。

之后的几天，小女孩再也没有了往日那银铃般的笑声。下课了，她也趴在桌子上，一言不发。

（二）

过了几天。一天早上上学的时候，我刚走出姑妈的家门，突然看到了小女孩。她也愣住了。原来，她家就在姑妈家隔壁。她笑着走过来："你也住在这啊，以后我们一起上学吧。"

一起上学，一起放学回家，小女孩与我的话越来越多。在她面前，我再不像之前那样拘束。

一天下午放学回家，路过一个池塘，看到有人在塘里捕鱼，我不禁停下了脚步。

我家屋后也有一个池塘，母亲经常在池塘里洗衣服，我就在池塘边玩耍。母亲总是一边洗衣服一边不停地叮嘱："儿啊，小心一点，不要掉到水里了。"

有时候，父亲捕鱼回来，母亲就拿出大脚盆，倒满水，将鱼养在里面。

我兴奋地趴在大脚盆旁边,用手拨弄鱼。母亲笑着说:"小心鱼咬手啊。"有一次,我正在拨弄鱼,突然被一条不知名的鱼蜇了一下,手指一阵刺痛,我当即号啕大哭,母亲在一边不停地抱怨:"叫你小心,叫你小心,被鱼咬了吧,被鱼咬了吧。"

就在我愣神的时候,小女孩摇了摇我的手:"你怎么哭了?"我回过神来,看了看她,转过身去,默默地回姑妈家。小女孩没再说什么,一路上紧紧地抓住我的手。

我突然格外想念母亲:是啊,母亲去哪儿了? 她发起病来为什么不认识我了? 她会回来接我吗? 我还能回家吗?

(三)

小女孩还像以前一样,每天与我一起上学、放学。一天早上,她在路上吞吞吐吐地问我:"我听我爸妈说,你妈是个精神病,去看病了,是这样的吗?"我点了点头。小女孩顿了顿:"我们是最好的朋友,是吗?"我又点了点头。小女孩笑了笑,没再说什么,牵了我的手上学。

似乎,知道我妈是精神病的同学越来越多。一天下午放学,我与小女孩刚走在校门,就见几个男同学跑过来围着我们,对我说:"嘿,你是精神病的儿子,是吗?"说完,他们哄笑起来。

我低着头,紧紧地握着小女孩的手。

小女孩的脸瞬间涨得通红,她瞪着领头的男同学。领头的男同学看着小女孩:"怎么样? 想打架吗?"小女孩一把甩开我的手,冲过去与他打成一团。

不一会儿,那个领头的男同学哭啼啼地走了。小女孩的衣扣被扯掉

了,但是她的脸上挂着胜利的笑容,走过来牵着我的手,笑着说:"叫他乱喊,叫他乱喊,再喊我再揍他!"

(四)

再也没有同学取笑我了,我俩依然每天牵着手上学放学。

日子一天天地过去。一天放学回到姑妈家,我突然看到母亲坐在客厅。母亲一把把我揽到怀里。姑妈在一旁笑着说:"这下好了,你妈回来了。"

母亲的病痊愈了,她来接我回家。

第二天一早,母亲牵着我的手出门,准备搭车回家。走到姑妈家门口,小女孩正在等我一起上学。

她见到母亲,怔住了,对我说:"这是你妈吗? 你妈来接你回家吗?"我点了点头。

小女孩低着头沉默了一会儿:"你还会回来吗?"我又点了点头。

她当即就哭了:"那我自己去上学了。"

小女孩低着头上学去了,一路上不停地擦着眼泪,留给我一个孤单的背影。

岁月荏苒,时光过去了三十余年,我再也没有见过这个小女孩。在静静的深夜,我还会经常想起她那孤单的背影。我知道,这世上如果有天使,她一定是一个小女孩,而且是一个不知名的小女孩。

有没有人告诉你，我很爱你

（一）

有个歌手叫陈楚生，唱了一首《有没有人告诉你》，引得无数痴男怨女泪眼蒙眬。

歌中有这样几句：

有没有人曾告诉你，我很爱你，

有没有人在你的日记里哭泣；

有没有人曾告诉你，我很在意，

在意这座城市的距离。

不得不说，这首歌唱得非常动情，让人顿生一种莫名的伤感。

古往今来，让人唏嘘叹息的爱情总是残缺不全的，我们也愿意在残缺的爱情里捕捉灵感，谱写一首又一首伤感的爱情之歌。

只是我们很少意识到，爱情让我们流连忘返，然而那些残缺不全的亲情常常让人选择性遗忘！

亲情，从来都是残缺不全的，为什么我们不愿意承认并面对？

（二）

"人有悲欢离合，月有阴晴圆缺。"苏轼是清醒的，也是伟大的。当苏轼向弟弟苏辙倾诉衷肠的时候，他的脑海里满是残缺不全的亲情，他不由得流着泪安慰自己也安慰弟弟："但愿人长久，千里共婵娟。"

今天，很多人在写情书的时候引用苏轼的这些词句，既是对苏轼的一种亵渎，更是一种无知的表现。

生活的基石不只是爱情，更应该是亲情！亲情残缺了，生活已经不完整，爱情再怎么折腾也是美丽的悲剧。

只可惜"春风得意马蹄疾"的时候，我们容易想到爱情；"清明时节雨纷纷"的时候，我们才会想起亲情。

为什么在父母驾鹤西去的时候，我们才会意识到亲情的伟大？

为什么情人依然搂在怀里，一些人还在唱着伤感的爱情歌曲？

为什么父母去世了才会到坟前献白花？为什么情人还在世却递上一束一束的红花？

为什么不能给父母献上一束一束的红花？

（三）

为了爱情，白素贞演绎了一场水漫金山，淹死那么多无辜的人。后人非但不指责，反倒引为经典。似乎为了爱情赴汤蹈火，这是一种可歌可泣的表现。

然而回到亲情，赴汤蹈火却成了一种不对等的病态！

为了挽救肝癌的子女，父母不惜割下自己的肝给子女肝移植，这样的新闻习以为常。然而，面对肝癌的父母，为什么没有子女站出来割肝救父救母呢？

难道说，子女都这样残酷无情吗？

香港的黄家驹去世这么多年了，我们依然忘不了他。一首《真的爱你》让黄家驹的形象高耸入云。在《真的爱你》里，黄家驹对母亲的那种撕心裂肺的爱让我们欲哭无泪。

其实，天底下的子女都爱自己的父母，只是我们淡化甚至压抑了这份

情感。

有没有人告诉你,我很爱你?对于这个问题,很多父母一脸茫然!

(四)

为人儿女者,常常很无辜。他们想为父母赴汤蹈火,却很难有机会,甚至被父母扼杀了能力。

为人父母者,强撑了脸面在孩子面前撑起一片天空,他们自以为很伟大,却不知在不知不觉间泯灭了孩子的斗志。有一天,父母实在撑不动了,歪歪倒倒地希望孩子撑起这片天空,为人子女者却早已染上了"脆骨病",再也顶不起来了。

一些希望早日顶起来的孩子,早早就接触了生活的柴米油盐酱醋茶,却被排斥在主流教育的大门之外。

当一双双纤纤玉指弹起美妙的钢琴曲时,有没有人想过这样的手指能洗菜做饭吗?

一个十岁的孩子放学回来,见父母还没下班,为了体谅父母摸索着做了一顿不太好看的晚宴。父母回来后一顿牢骚:"作业还没做完啊!明天怎么上学?谁让你耽搁时间做这没法吃的饭!"

孩子连流泪的心情都没有了,一声不吭地走进自己的房间,关上门,也将整个世界关在了门外。

205

野性与亲情

（一）

时至今日,我们依然想起泰森,一个代表拳击、野兽和罪犯的名字,从来都是让人毛骨悚然。

他是历史上最引人注目的拳王——据国外相关报道,他曾连续 37 次保持不败记录,其中 33 次没让对手站着走出擂台,让那段历史成为拳击史上最为黑暗的岁月;他又是地球上"最坏的男人"——强奸美国小姐候选人德西蕾、撕咬霍利菲尔德的耳朵、用铁硬的拳头对付警察……一系列的事件让他声名狼藉,两次入狱,沦为一个"我相信我将会孤独地死去"的男人。

但是,谁能想到,正是这样一位拳坛内外都野性十足的"坏男人",却是实实在在的一位好父亲。

泰森有三名子女,他与太太莫妮卡从每名孩子出生开始,都会替他们开一个档案,档案内尽是子女的照片、生活纪录片和人物相片,以记录下他们的成长点滴,把每个开心或伤心的时刻都完全记下。

"拳场上他是个勇猛的斗士,在家里他是只招孩子们喜欢的玩具熊。他是为了孩子们的将来才在拳击台上厮杀格斗的。为了帮助孩子做功课,他晚上进父亲学校学习,凭的就是令人难以置信的毅力和爱心。他有缺点,世上没有完美无缺的人,但对我们来说他几乎无懈可击。"莫妮卡如是评价泰森。

的确,在子女面前,泰森温驯如一头小羔羊。与埃迪恩纳的比赛前,

泰森抱着幼子舐犊情深的照片打动了许多人,而泰森从监狱中提前获释回到家中后,见到熟睡中的儿子时动情的一吻更是令人难忘。

泰森表示,闲来没事做时,对着子女就爱吻他们,吻至他们满面口水为止。他更以一派慈父口吻说:"我儿子的体重又加重了,有时抱他太久,手臂很累,而且,他很容易被吵醒,当他睡着时,我们一定要尽量放低音量。女儿则是我们的小公主,她表情多多,又古灵精怪,最爱妈妈替她梳马尾。她正在学跳芭蕾舞,还时常在我们面前表演呢!"

无数事实证明,尽管泰森是一个野性难除的男人,但是他对子女的爱却无可挑剔。

(二)

2005 年 6 月 11 日,为了 7 岁女儿雷娜的学费,为了 3 岁儿子米格尔的奶粉钱,39 岁的泰森最后一次登上了拳击台,结果,一切都化为泡影——他输给了名不见经传的爱尔兰选手凯文·迈克布莱德。

最后一次拳击失败后,泰森哭了:"我再也不会感到快乐了。"

是非成败转头空。他所有的辉煌战绩都已经远去了,他所有的斑斑劣迹也已经远去了,但是,泰森对子女的真爱留在了所有人的心目中,特别是他为了子女最后一战却倒在擂台上的背影,早已引起无数人的感慨和叹息!

泰森哭了,观众的心里却如鲠在喉:到底这是一个怎样的男人呢? 他对待所有人都以粗暴的拳头伺候,怎么独独对自己的子女这么真心实意呢?

即使当所有的良知都被淹没的时候,即使当所有的情感都被野性覆

盖的时候,有一种感情,它永远不会消失,永远不会褪色,永远不会被野性的品质泯灭。这种感情,就是亲情。

野性,可以掀起翻天覆地的浪潮,但是面对亲情,它只能轰然倒地,显露出人的最质朴的面目。

掩案沉思,野性如泰森,都能在亲情面前回归温情,理性而成熟的我们,有什么理由不在亲情面前保持万分的虔诚和敬仰呢?

金刚怒目，拈花一笑

（一）

一只雄孔雀，为了吸引一只雌孔雀，尽力展开那并不算华丽甚至粗糙的翅膀：自己满心自豪，雌孔雀也满是崇拜。人在旁边看了只觉得可笑：就凭这点伎俩也能泡妞，不愧是低等动物的把戏！

一个男孩，为了追求一个女孩，不惜买来九百九十九朵玫瑰，配上心型烛光灯阵，再奉上诸如戒指、项链等定情物，女孩感动得眼泪哗哗，旁边的观众齐声喝彩，纷纷慨叹这天造地设的一对，甚至将之传颂为爱情。

孔雀知道，活着就是活着，无非就是生存和繁衍。生存者，一双大翅膀能为雌孔雀和小孔雀遮风避雨；繁衍者，一双大翅膀鲜艳而有力，说明身体倍儿棒，生个小孔雀绝对是杠杠的。

所以，孔雀是务实的，其他低等动物大抵都是务实的。不务实，很难经受自然界的优胜劣汰，因为大自然是最务实的，风雨雷电来不得半点虚假。

人类知道，除了活着，还得活出点人样。所谓人样，就是除了生存和繁衍，还有诗和远方。为了诗和远方，好歹要整出点不同点动物的地方，比如爱情。

用玫瑰、烛光和戒指来代表爱情，动物绝对看不懂，人类自身也不见得真正明白：玫瑰会谢，烛光会灭，戒指终究会生锈，如此修饰的爱情真的能永恒吗？

人类常常这样务虚，不是自己刻意为之，而是在很多时候大家都在务

虚,不务虚就很难融入所谓高等动物的行伍。

说白了,务实谓之踏实或憨厚,务虚谓之精明或浪漫,怎么干总能找到粉饰门面的表扬词。就冲这一点,动物绝对比不了人类。

低等到高等,动物越来越不务实,然而,社会却在不断进步。

有些事情,真不能多想。人类一思考,上帝就发笑。

（二）

一个七岁的男孩,看到路边有个讨饭的老太太,老太太手不残腿不瘸,坐在街边的石头上,面前放着一个旧瓷碗,过往的行人纷纷往碗里扔硬币或纸钞。

小男孩看见了,也走了过来。他没有像其他人一样扔硬币或纸钞,而是走到老太太面前蹲下来,语重心长地说:少壮不努力,老大徒伤悲。

路人闻之愕然,老太太也一脸尴尬。倒是小男孩的父母涨红了脸,一把把小男孩拽到一边,对着屁股就是两巴掌:叫你乱说,老奶奶这么可怜,你怎么能这么说!

小男孩哇哇大哭。他不明白,当天老师教的东西,怎么就不能说了呢?

鲁迅先生也说过一个故事。一大户人家孩子满月喜宴,一群成年人来贺喜。一个说:"我一眼就看出这孩子将来会当大官。"主人笑嘻嘻地把他领到上座。另一个说:"我一眼就看出这孩子将来会发大财。"这个人也被领到上座。唯独一个不开眼的说:"我一眼就看出这孩子将来总有一天要死的。"这个人就被打出了家门。

其实,那些上座的都在睁眼说瞎话:将来当官或发财,才一个月大,怎

么能看出来? 倒是将来肯定有一天会死,这是大实话。

信口雌黄的被敬为上宾,实话实说的却被扫地出门。难道说:有些事情不能实话实说,却要编造谎言吗?

究其实,世上没有不说谎的人。福克斯广播公司为宣传影片 *lie to me*,对 2 000 多名英国人进行的调查显示:男人平均每天说谎六次,大约是女人的两倍。

说谎伴随一个人的成长,不会说谎的人是长不大的。

年少,说谎会脸红;长大了,脸皮厚了,说谎的功夫也就炉火纯青了。

原来,人成长的一个标志,就是有的时候不能说实话,甚至要学会睁眼说瞎话。

(三)

这个星球上,智商最高的一群人在精神病院。

医学早就揭示,精神病院的精神病人,高智商的比例超过 80%,这个比例远远超过精神病院外面的所谓正常人。

正因如此,精神心理科医生常常在就诊时压力山大,一不小心就因为智商问题而伤自尊。

太聪明了却容易进精神病院,这可真是滑天下之大稽! 然而,这是事实,不服不行!

值得欣慰的是,住在精神病院的不一定都是精神病人。

一个而立之年的小伙子,被同事和家人强制送进了精神病院。一个月后,他费尽千辛万苦从精神病院逃了出来。

当旁人问及被送进精神病院的缘由时,他仰天长叹:我那天在办公室

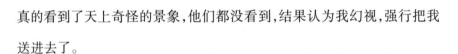

真的看到了天上奇怪的景象,他们都没看到,结果认为我幻视,强行把我送进去了。

旁人再问:"强制治疗了一个月,有啥心得?"小伙子两眼泛泪:"以后我就是看到什么,再也不会轻易说出来了!"

多么痛的领悟!心里清楚就行,何必看到什么就说什么呢?你能看到,身边人又看不到,说多了实话反倒被视作另类!

生活就是这样:有务实,也有务虚;有实话,也有谎言。

看到的不一定是真实的,听到的也不一定是真实的。如此一来,真正的实话有时候反倒成了一种谎言,真正的务实有时候反倒成了一种务虚。

一天,在灵山会上,大梵天王以金色菠萝花献佛,并请佛说法。可是,释迦牟尼一言不发,只是拈花遍示大众,从容不迫,意态安详。当时,会中所有的人和神都不能领会佛祖的意思,唯有佛的大弟子——摩诃迦叶尊者妙悟其意,破颜为笑。于是,释迦牟尼将花交给迦叶,并将金缕袈裟和钵盂授予迦叶。

面对纷扰世界,我们何不拈花一笑呢?

后 记

写完最后一个字,心里一块石头落了地,眼泪再一次滑落下来。

两个月内,写干了六支水笔、一支圆珠笔和半根铅笔,头发蓬松,胡子白了好几根。

写作近半的一天晚上,手上的水笔突然写不出来字。我在家里翻箱倒柜,竟然再也找不到一支笔。

近八十的母亲也在旁边着急:这可咋整? 外面商店全关门了,商场也不给开了,买笔也买不到了!

我还在到处找笔,母亲已经戴上口罩出门了。

她挨家挨户地敲邻居家的门,像一个乞讨者一样低声询问能否借一支写字的笔。

没多久,母亲高高兴兴地回来了,手里拿着三支"乞讨"来的水笔。

写作过程中,我一遍一遍地听着苏芮的《亲爱的小孩》。手机音量小,正好不至于惊醒其他人。

感谢我的学生陈诺。我将一张张手稿拍照传给他,他夜以继日地在电脑上打印成文档。

感谢生活里的每一个人! 是非成败转头空,青山依旧在,几度夕阳红!

柯茂林

2020 年 4 月 5 日